蘇芳基◎著

序

現代社會人們生活講究時尚、追求品味，並重視生活美學。為培養學生對藝術、文學及美的事物之鑑賞力及創作力，國內各級學校在通識課程中，也陸續開設美學、美育的課程。唯坊間有關餐飲美學之論述著作甚少，基於個人從事觀光餐旅教育教學之需，曾前往歐美、東南亞、日韓及中國大陸等地蒐集相關文獻及體驗當地觀光餐飲文化特色，再參酌國內外觀光餐旅美學素材彙編而成。

餐飲美學如同蒼穹星光，能照耀人生、美化人生。因此，本書論述旨在增進讀者對觀光餐飲美學的基本認識，培養日常生活及觀光餐旅職場對美的欣賞力及創作力，進而能提升生活品味及餐飲文化美學素養，並能以獨具創新思維進入餐飲藝術美學的殿堂。期盼本書能為國內觀光餐旅技職教育人力之培訓略盡棉薄之力。

本書得以順利付梓，首先要感謝揚智文化事業葉總經理、閻總編輯及所有工作夥伴的熱心協助與支持，特此申謝。本書編撰期間，雖經嚴謹校正，力求完美，唯餐飲美學所涉及領域甚廣，若有疏漏欠妥之處，尚祈先進賢達不吝賜正，俾便再版予以訂正。

蘇芳基 謹識

2015年5月

目錄 Contents

序 i

CHAPTER 1

餐飲美學的基本概念 1

第一節 美與美學 2

第二節 餐飲美學與藝術欣賞 8

第三節 餐飲美育與美感的開發 16

CHAPTER 2

餐飲設計美學 23

第一節 中華文化風格的餐飲設計美學 24

第二節 西方文化風格的餐飲設計美學 30

CHAPTER 3

現代餐廳的設計美學 39

第一節 餐廳空間美學規劃 40

第二節 餐廳燈光照明設計 48

第三節 餐廳色彩美學 57

第四節 餐廳裝潢布置藝術 67

CHAPTER 4

餐廳餐桌布置與擺設藝術 81

第一節 中餐餐桌布置擺設美學 82
第二節 西餐餐桌布置擺設美學 86
第三節 餐巾摺疊藝術 91
第四節 餐廳服務美學 101

CHAPTER 5

時尚廚藝美學 107

第一節 菜餚命名藝術 108
第二節 菜餚烹調藝術 115
第三節 菜餚盤飾美學 121
第四節 冰雕與蔬果雕藝術 128

CHAPTER 6

時尚飲料美學 141

第一節 時尚咖啡 142
第二節 時尚茶藝 152
第三節 調酒美學 162

CHAPTER 7

現代時尚餐飲生活美學 171

第一節 宴會席次安排美學 172

第二節 宴會餐飲美學 178

第三節 健康餐飲生活美學 195

第四節 品酒美學 206

CHAPTER 8

東方餐飲文化美學 215

第一節 中國餐飲文化美學 216

第二節 日本餐飲文化美學 221

第三節 韓國餐飲文化美學 229

第四節 泰國餐飲文化美學 232

CHAPTER 9

西方餐飲文化美學 239

第一節 西餐烹調及餐桌服務美學 240

第二節 西方料理文化美學 245

CHAPTER 10

台灣餐飲文化美學 257

第一節 台灣美食與夜市文化 258

第二節 台灣客家美食文化 265

第三節 台灣原住民美食文化 270

參考書目 285

CHAPTER
1

餐飲美學的基本概念

單元學習目標

- 瞭解美與美學的基本概念
- 瞭解餐飲美學研究的範圍及對象
- 瞭解美之所以為美的基本原則
- 瞭解藝術欣賞應有的正確態度
- 培養良好的正確審美觀
- 培養美感開發及藝術欣賞的能力

餐飲美學（Food & Beverage Aesthetics）是一門專業的人文科學，屬於時尚生活美學的一環。它是運用美學的原理原則來分析探討餐飲消費者對餐飲產品及服務的審美態度、美感體驗，以及餐飲業者如何針對顧客追求美食饗宴的美感需求，在具有審美屬性的餐飲服務實體環境、服務作業流程及美食佳餚等軟硬體產品上加以規劃設計，期以營造出意境美、情趣美。使顧客前來餐廳不僅能滿足其味覺口腹之慾，更能沉浸於心靈上美感之體驗，使餐飲美學走入人生、美化人生。

第一節　美與美學

美學主要是研究人對審美對象的美感體驗及審美價值觀，它是以美感經驗為中心的學科。由於人們美感的世界純粹是一種意象世界，而美感是源於對審美對象——物本身形象的直覺。因此，美是心與物交織融合而成。美並不完全在外物，也不完全在心，而是心物合一的產品。茲將美與美學的概念分述如後：

▲美感世界為一種意象世界

▲美是由心物交融合成

一、美的定義

由於文化體系不同，人們對美的認知及價值觀也互異，茲分別說明如下：

(一)中國文化體系對美所下的定義

◆《說文解字》

漢朝許慎所編《說文解字》一書，對美所下的定義為：「美甘也，從羊大，羊在六畜主給膳也，美與善同義。」易言之，所謂「美」就是甘，也就是善。

◆倫語

子謂《韶》：「盡美矣，又盡善也。」；謂《武》「盡美矣，未盡善也。」此句話的涵義是指音樂與文學的美均須達「盡美」與「盡善」之境界，此為以美比德說的觀點。

◆道德經

「天下皆知美之為美，斯惡矣；皆知善之為善，斯不善矣，故有

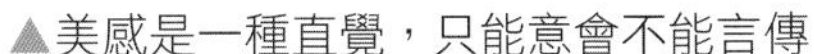
▲美感是一種直覺，只能意會不能言傳

▲建築之美是由適當的結構比例形塑而成

無相生，難易相成，長短相形，高下相傾，聲音相知，前後相隨。」此段話的涵義是指：

1. 若有天下人皆知的美感或美知識，則此美就不好；至於為善也是如此，若天下人皆知某個人在行善，那就不能稱之為善。易言之，美感是一種直覺，無法詳述於文字來讓人知道；行善也是要默默行善而忌張揚，始夠資格稱之為善。
2. 美是因相當而生，相配而成，由於平庸的存在而襯托出來的美感。如音樂之美是由韻律的音符前後相隨所形成的；建築之美是由結構比例大小所襯托出來的美感。

(二)西方文化體系對美所下的定義

西方文化體系對美所下的定義甚紛歧且不一，僅針對較具代表性的哲學家對於美的看法，摘介如後：

◆柏拉圖（Plato）

柏拉圖認為「美」這個概念，即美本身是指崇高（Sublimity）、適宜（Fitness）、標緻（Comeliness）、優雅（Grace）與裝飾華麗（Ornament）。

▲希臘羅馬神殿之美，源於柱式數值比例關係

◆亞里斯多德（Aristotle）

亞里斯多德認為美是事物存在的一種屬性，須藉秩序、對稱和確定性，即統一性、完整性的形式來表現。

◆畢達歌拉斯（Pythagoras）

畢達歌拉斯在大自然物理現象中，發現音波頻率的數值關係，因而認為「美」是由客觀的「數值關係」

建構而成。例如：人體尺寸的數值關係、希臘神殿柱式數值比例之美等均源於此「數論學派」，這也是今日建築美感及視覺美感生成的源流。

◆溫克爾曼（Winkelmann）

溫克爾曼為18世紀德國藝術家，他認為：

1.美是由和諧、單純、統一等特性經由一定比例所形成。
2.美可被視覺所感知，而經理智所認識及理解。
3.藝術品的視覺美是由崇高美的概念所形成，有別於一般私慾所看到的美感。

綜合國內外專家及各美學學派對美的看法，予以歸納彙整為下列定義：

1.本質定義：所謂「美」是指真、善、美。具有一種內外兼具的特質，如優美、優雅、標緻等陰柔之美，以及崇高、壯美、雄偉等剛性之美，能引發觀賞者特殊美感愉悅者。
2.操作定義：所謂「美」是指經由一定的數值比例關係或配置，所形成的和諧之美，如建築之美、雕刻或音樂之美等，均是經由適宜的大小比例有系統的配置而成，這是由美的規範原則所產生出的美感。

▲美是由適當的比例、統整和諧建構而成

▲藝術品的視覺美，源自崇高美

▲建築雕刻之和諧美

二、美學的定義

美學（Aesthetics）一詞是在18世紀初由德國哲學家包姆佳敦（Baumgarten）所創，因而被稱為「西方美學之父」。包姆佳敦以希臘字aisthetikos創出今日美學此詞，其原意為「感性之學」或「感性之思維邏輯學」。它是以美的本質及意義作為研究主軸的獨立學科，屬於哲學的一環。由於美學範疇涉及美的哲學、審美心理學及藝術等學科，因此其定義眾說紛紜，不一而足。茲摘介較具代表性的論述於後：

(一)維基百科

美學在傳統古典藝術的概念中，通常被定義為：研究美的學說；現代哲學家則將美學定義為：認識藝術、科學、設計和認知感覺的理論和哲學。

(二)包姆佳敦

包姆佳敦在其親自撰寫的《美學》一書中，提出下列美學的論點：

▲藝術創作美學

▲美學是研究美形成的法則

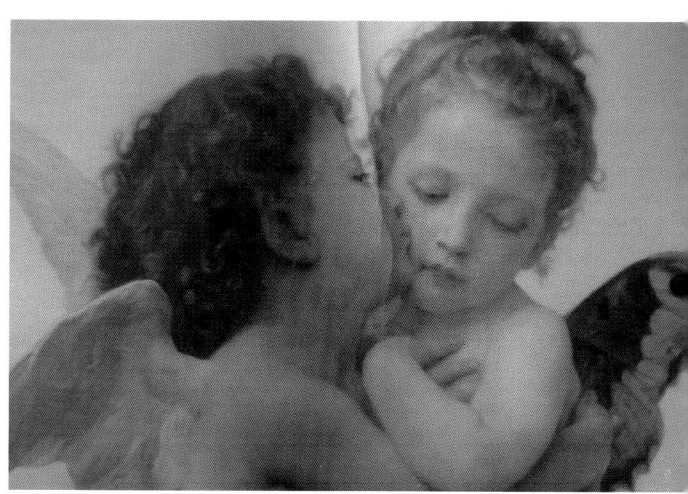

▲藝術美學是人類情感符號之創造

1.美學是門指導藝術創作的學科。

2.美學的對象就是感性認識的完善。其意指美學是研究人類感性能力的科學。

3.美學是研究美形成的規則及方法。

4.美學不是以理智來探索，而是以感性來認識完善的美及領悟「真」。

(三)蘇珊・朗格

蘇珊・朗格（Susanne Langer）是美國知名美學家，她在《藝術論》一書，提出其藝術美學的下列論述：

1.藝術美學是人類情感符號形式之創造。它是藉由一定的形式來傳達、領悟生命與感覺的過程。

2.藝術知覺是一種直覺，它是一種理性活動而非推理性的思辨。易言之，藝術知覺是一種直接的、不可言傳的，但卻是一種合乎理性的直覺。

綜上所述，吾人得知美學不僅是一種有關美的學問，也是一門藝術哲學。它所關注的是美和趣味的理解，以及對文學、藝術和風格的鑑賞；它要回答的問題是：美或醜是存在於觀察對象本身，還是在欣賞者的眼裡。質言之，美學是一種學科的知識，也是一種呈現在我們日常生活中的現象，它能培養人們對藝術、文學及美的事物之鑑賞力與創作力，更能美化、豐富多采多姿的人生。

第二節　餐飲美學與藝術欣賞

現代化社會人們的生活品質日益提升，對於餐飲品味之需求已由昔日的量轉為質的享受，不僅要吃得好、吃得巧，更重視餐飲實體環境及用餐情趣的美好體驗。易言之，顧客前往餐廳是為了購買餐飲體驗，而非僅純粹為美食而來。餐飲業者若想創造顧客滿意度，務須在餐飲產品服務之規劃設計中，注入餐飲美學的新元素，始能滿足顧客心靈上追求美食饗宴之需，從而提升市場競爭力，確保企業得以永續經營。茲就「餐飲美學」此新元素的概念及藝術欣賞的方法，分別摘述如後：

一、餐飲美學的定義

餐飲美學另稱餐飲文化藝術之感覺學，它是運用美學原理來研究探討餐飲產銷、餐飲消費與餐飲產品服務等系列活動中，美的創造與美的欣賞之一門綜合藝術哲學。它是將形成美的操作原則及構成美的媒材，如燈光、色彩、造形及數的尺度比例原則，予以應用在餐飲實體環境、服務場地空間規劃，以及順暢律動的一致性水準餐飲服務中，期以形塑整體美、和諧美及情趣美，進而滿足人們愛美的天性，並可培養人們正確的審美觀及藝術欣賞能力。

▲燈光、色彩是形成美的素材之一

二、餐飲美學研究的對象

餐飲美學的研究不僅要學習美學、認識美感，更要瞭解美感操作對象，由於美感對象不同，其欣賞體驗訴求也互異。茲就餐飲美學主要的研究對象，予以摘介如後：

(一)建築之美

所謂「建築之美」，是指餐廳外表建築、格局規劃、裝潢設計及其相關建材、雕飾或彩繪等，須能統整和諧，彰顯雄偉、精緻或秀麗之美，它是視覺藝術之集大成。

(二)情境之美

所謂「情境之美」，是指餐飲業者所提供給顧客的軟硬體服務品質，讓顧客享有難忘的美好用餐體驗，進而感受到溫馨、浪漫之美。

▲餐廳外表建築之美

▲餐廳用餐區情境之美

(三)佳餚之美

所謂「佳餚之美」，是指餐飲美食除了講究「色、香、味」外，也要兼顧刀工之美、盤飾之美。此外，為創造美食的附加價值，可嵌入有關食物故事的文化內涵，再經餐飲服務人員的現場解說或表演示範，使顧客除了滿足「視覺、聽覺、嗅覺、味覺、觸覺」等感官需求外，更能體驗美食文化之美。

(四)造型之美

所謂「造型之美」，是餐廳實體環境服務場所的空間設計、雕塑品、蔬果切雕及冰雕等有形產品的外表造型及其雕塑之美而言。例如：酒會或正式宴會場景所提供的冰雕及蔬果雕，其形體、量感與質感等均須符合藝術美，即「維妙維肖」之美感。

(五)器具之美

美食與美器的搭配須適切，即「宜碗者碗，宜盤者盤，湯羹宜碗」。我國自古以來對於菜餚裝盛之餐具甚講究，除了考量菜餚本身

▲甜點佳餚之美

▲果雕造型之美

▲餐廳器具之美

的特性、形狀及分量外，尚須兼顧餐具與菜餚的顏色，如黑白、紅白等對比配色來形塑色澤美。此外，對於餐桌服務所提供的刀、叉、匙、筷子或杯皿等餐具的材質及造形，也均力求質地美及形式美，藉以增添餐廳高雅柔美的氣氛，提供顧客美好的餐飲體驗。

(六)文學之美

所謂「文學之美」另稱意思之美，係指運用精鍊修飾過的語言或文字與顧客溝通，進而使顧客內心感受到舒適、愉悅或心靈上的悸動，此即為文學藝術之美感。例如：餐飲服務人員以紳士之姿、淑女之風與顧客親切的寒暄致意及互動，使顧客倍感溫馨即為意思之美。此外，餐廳所設計的菜單及菜名，也能透過歷史典故或吉祥祝福用語來命名，極具文學意境之美。例如 ：麻婆豆腐、東坡肉、左宗棠雞、金玉滿堂、花好月圓及龍鳳串翅等菜名均具文學之美。

▲麻婆豆腐之命名具文學之美

三、餐飲美學研究的範疇

餐飲美學研究的範疇極廣，主要是在探討餐飲產品服務在產品規劃與銷售服務過程中，美的規律性、美的創造及人們的審美觀等方面的課題。

(一)美的規律性法則

美的規律性是指美的形成是有一定的順序規律排列而成，如由大而小、由長到短、由粗到細、由主到次，將一連串的同形或類似紋樣或媒材，依一定的比例加以建構而成。雖然美的事物是一種感性的認知，但仍具有普遍性的規律性及節奏感等原則。

(二)形式美的基本原則

依據希臘藝術哲學家亞里斯多德及羅馬時代藝術家維楚維斯（Marcus Vitruvius Pollio）的美學觀點，認為美的事物之所以被公認為美，其構成要件須具有一定的共同性及形式原則。茲綜合歸納如下：

◆秩序（Order）

美是由尺度和有秩序排列而產生的。若事物的尺度太大而無法看見其全貌，則整體性不足，不能稱之為美；反之，若事物的尺度太小而模糊不清，也不算是美。

◆比例（Proportion）

美的事物其構成元素各部分之比例必須非常勻稱、和諧而有均衡感。

◆對稱（Symmetry）

美的事物其各部分的排列或比例均十分對稱、均衡而具整體和諧感。

◀合理的配置及創新可形成美

▼裝飾設計之美

◆**配置（Disposition）**

美的事物須賴妥善的合理配置、構圖及創新，始能彰顯其形式美。

◆**裝飾（Decoration）**

美的事物其形式美有賴美化、裝飾及適當地裝潢設計，如藝術品、工藝品之美即須裝飾美化後，始能突顯其形式美。

◆**和諧（Harmony）**

形式美除了講究秩序、比例、對稱、配置及裝飾外，尤須力求有機統一性、完整性之和諧感，始能創造出藝術美或形式美。

四、餐飲美學的審美觀及藝術欣賞態度

人的審美活動涉及感知、想像、理解及情感等各種心理因素之交錯反應。由於人的審美態度不同，因此，對美的鑑賞及審美觀也不同。就餐飲藝術美學之欣賞態度而言，其審美觀可歸納為下列幾種：

(一)遊戲說

此類審美觀認為：人的美感是源於感性與理性之直覺，當審美對象能同時滿足人們感性與理性的衝動直覺時，即會認定是「美」。例如：「情人眼裡出西施」。事實上，審美對象在美學價值的認知，並不能僅以簡單的「美」和「醜」來評定，而是涉及審美客體，即審美對象本身的特質及類型。因此，採取「遊戲說」作為審美鑑賞態度是屬於主觀主義美學的審美觀。

(二)孤立說

此類審美觀的主張為：當我們在觀賞審美對象如餐飲藝術作品時，須注意力集中，將自己的心靈完全駐足於對象身上，讓對象盡可能展現出其特質、個性或秘密，經由這種擺脫雜念和推理思考，以靜觀直覺來獲取審美印象，即為孤立說的審美觀。例如：當我們在欣賞餐桌上所擺設的蔬果雕美食時，我們只須將它擺在心眼前當作一件藝術作品去玩味、觀賞，而不要去計較好不好吃等實用上的問題，僅憑專注、靜觀來從中體會果雕作品所展現出的意象、形象，此為美感態度的最大特點，也是欣賞美的事物應有的正確態度。易言之，美的事物在美感世界中，當它處在孤立、絕緣情境下，始能呈現出其美的本質及內涵。

▲欣賞蔬果雕作品須以專注、靜觀的態度來體會其意象之美

(三)移情說

▲欣賞音樂所產生的心境起伏變化為一種移情作用

此類審美觀認為：欣賞美的事物所獲得的美感，是來自「移情作用」，即審美的人將自己的情感，思維移置、融入，或投射到所欣賞的對象身上，進而達到「物我」合一的境界。美感體驗通常是在這種物我同一的境界中發生。

易言之，物的形象是人的情趣的返照，人們將自己意蘊和情趣移於物，物始能呈現自己所見到的形象。此外，人不但移情於物，有時還會吸收物的型態於自我。因此，藝術美的欣賞具有一種潛移默化、陶冶性情之功。例如：欣賞音樂之美時，音樂本身只有節奏快慢、高低、長短、宏纖之別，並無快樂和悲傷之分，但由於欣賞者聚精會神專注的傾聽，心境也不由自主隨之起伏，而才有歡樂和傷感產生，此現象即為移情作用之例證。至於繪畫、書法、雕刻等藝術欣賞所謂「傳神、神韻、氣魄」等均是同樣由移情作用所產生的美感知覺。

(四)心理距離說

「心理距離」是藝術欣賞及審美活動的基本法則。當人們在進行藝術欣賞時，須在心理上和審美對象保持適當的距離，並跳脫自己與對象間的任何利害關係，以「無所為而為」的客觀態度，聚精會神去觀賞對象本身的形象。因為美的事物和實際人生之間是維持著一種適當距離，若距離太近，容易讓人由美感世界拉回現實生活的世界；若距離太遠，又容易令人無法去欣賞或瞭解藝術之美。

例如：當我們在湖面看到岸邊植栽柳樹的倒影時，通常會覺得好美，何以倒影會比柳樹實體美呢？主要是因倒影是虛幻的，它與實際

▲柳樹倒影

▲藝術欣賞須在心理上和審美對象保持客觀距離，專注欣賞

人生並無直接的關聯。此外，水中月、海市蜃樓及彩虹之美等均源於此心理距離說。

第三節　餐飲美育與美感的開發

愛美是人的天性，唯若「不通一藝，莫談美」，學習餐飲美學之前，須先具備餐飲專業知能、哲學、心理學及藝術等基本知能，始能培養良好的思辨能力及藝術鑑賞力。因此，想要認識及學習餐飲美學，須先從餐飲美育及美感的開發著手。

一、餐飲美育的定義

所謂「餐飲美育」，是指運用餐飲美學教育的原理及方法，以情意為主，以認知及技能為輔的方式，來培養人們對美的感受力、欣賞力及創造力，進而陶冶其心性，提升生活品味，豐富休閒生活為目的之活動歷程。

▲水果切雕藝術創造

▲餐飲美育能提升生活品味

二、餐飲美育的功能

餐飲美育是一種餐飲美感教育，也是一種追求美感體驗及美感開發的活動。德國美育學家席勒（Schiller）認為：人唯有透過美感教育（Aesthetic Education），始能讓人的感性、理性與精神獲得整體和諧，造就完美人格，促進社會和諧，也唯有透過美感的陶冶，始能提升生活文化素養。綜上所述，餐飲美育的主要功能，可歸納為下列幾點：

1.培養德、智、體、群四育均衡發展的健全人格。
2.培養餐飲藝術欣賞及藝術創造的能力。
3.培養正確的審美觀及價值觀。
4.提升人們生活品味及餐飲美學文化素養。
5.促進社會和諧與國家經濟發展。

三、餐飲美感的開發

想要學習或去認識餐飲美學，須先從認識餐飲美感開始。餐飲美感就是對餐飲軟硬體或餐飲藝術產品之美的感受能力與欣賞能力。至於餐飲美感開發的方法，須自下列幾方面來著手：

▲Hello Kitty造型蛋糕

▲甜點造形藝術

(一)心情愉悅，輕鬆自在，無涉利害，專注欣賞

美感開發的第一步驟，須先去除利害得失之心，不去沾惹日常利害、名利等瑣事，敞開心胸專注會神去欣賞或聆聽你所感興趣的事物或音符，然後再用心去體會自己的感受，此為餐飲美感開發最重要的步驟。例如：前往餐廳用餐，服務員端來餐後甜點「Kitty蛋糕」卻捨不得吃，此情景乃表示對該蛋糕之造形、色彩之喜好，遠高於對蛋糕吃的喜愛。這就是藝術欣賞的愉悅與價值，因美感世界是超乎利害關係且獨立的，因此在開發美感時，須先捨得名利與實用，本著「無所為而為」的精神，始能開啟美感世界之門扉。

(二)藝術生活化，生活藝術化，使美學走入日常生活

美感開發的第二步驟是「藝術生活化；生活藝術化」。美學不應該僅由學術單位或博物館收藏及研究，而須讓美學理念、作法及其藝術品能走入日常生活，融入現代社會，以提升餐飲文化藝術素養。

▲參觀地方美食展有助於餐飲美感開發

▲參加餐飲宴席可培養美感經驗

藝術生活化是指美感的開發，可在日常生活的周遭環境或盛事裡附帶地欣賞品味俯拾可得的餐飲藝術作品，如地方美食展、夜市經典小吃、辦桌文化、餐飲家具設備展示或參加餐飲宴席等場合順便專心去欣賞體驗；生活藝術化則指在體驗或欣賞上述場合或機會之餐飲美食或餐飲藝術品後，將自我直覺或體驗加以回味、記錄或自我練習，餐飲美感經驗即在此情境下逐漸孕育而生。

(三)參加專業餐飲美學課程及訓練

當前述二項步驟均付諸行動去欣賞體驗餐飲美學及美感能力開發後，若想更上層樓去研習，則可參加各大學或職訓機構所開設的餐飲美學課程，或自行找一些餐飲美學相關書籍及資料來自我進修，但須循序漸進，勿求一蹴可幾，只要假以時日定有所成。

學習評量

一、解釋名詞

1.Food & Beverage Aesthetics

2.Grace

3.Aesthetics

4.Proportion

5.Harmony

二、問答題

1.你認為「美學」是什麼？

2.若就「美」的認知或審美觀而言，你認為每個人的觀點是否一樣，為什麼？

3.餐飲美學主要的研究對象有哪些？試列舉其要。

4.西方藝術美學家亞理斯多德及維楚維斯，認為構成美的要件有哪些？試摘述之。

5.語云「情人眼裡出西施」，你認為此句話是否正確？為什麼？

6.若想要培養藝術欣賞能力，你認為該如何來著手較正確，為什麼？

Notes

Food
CHAPTER
2

& Beverage Aesthetics

餐飲設計美學

單元學習目標

- 瞭解中華文化風格餐飲美學創作思維
- 瞭解位序主從與陰陽調和的創作手法
- 瞭解中華文化常見文化符碼之意涵
- 瞭解西方文化風格美的形式展現方式
- 瞭解西方文化符碼柱式與建築山花之意義
- 培養現代餐飲美學創作之能力

「愛美是人的天性」，但並不意謂世界各地所有的人，對同一件藝術品的審美價值判斷結果都會一樣。究其原因乃每個人所處的生活環境及文化背景均不同，因此所孕育出的審美觀也因而有差異。但不可諱言的是，文化愈悠久，文化愈豐富者，其所孕育出的美學理念也愈彌足珍貴，如中華文化即為當今筷子文化叢、漢字文化叢等東方文化的代表。本章特分別就中華文化及西方文化的餐飲設計美學來介紹。

第一節　中華文化風格的餐飲設計美學

中華傳統文化是由儒、釋、道，歷經數千年的相互交融，逐漸演進而來。因此，我國傳統美學的思潮也深受其影響，其中以儒家思想所建構的「比德理論」審美觀之影響為最大，不僅豐富了造形藝術的內涵及意境，更豐富了多元化、多樣性的藝術題材。茲將中華文化風格餐飲設計美學的創作原則及其要領，摘介如下：

一、位序主從原則

(一)位序

所謂「位序」，是指餐飲產品設計時，須先考慮該物件產品所需的各項組合元件的特性或象徵意涵，再依各元件的重要性來決定其位置或先後秩序。例如：中式宴會菜單此產品，是由前菜、主菜、點心、甜點及水果等五道菜作為組合元件，再依每道菜的特性來決定上桌服務之先後秩序。此外，餐廳每道菜通常是由主菜、配菜等組合而成，因此在擺盤時，須先將主菜如大塊肉先擺在餐盤正中央或最重要的位置，然後再將配菜置於大塊肉上方或左右兩邊，力求營造位序排列菜餚盤飾之美感。

▲主菜大塊肉須擺在餐盤正中央

▲盤飾材料僅供點綴不可喧賓奪主

(二)主從

所謂「主從」，是指物件產品所需的各項組合元件，須依其重要性或特性，來決定產品組合內各元件的位階高低或主從地位，再依尊右原則或適切的方式來建構物件主從原則的美感。例如：一道佳餚上桌服務前須加盤飾美化，唯盤飾所使用的材料，在此物件產品的地位僅供作為襯托角色（即從之意），絕不可過分複雜或太多，以免喧賓奪主或造成主配角色混淆不清之現象。

二、陰陽調和原則

陰陽調和的概念源自我國道家及陰陽家的「金木水火土」五行生剋關係及風水方位之論述。例如：餐廳規劃設計時，有些人偏愛座北朝南之方位或採靠山面水之格局，以順應地理位置的自然環境。此外，在餐飲產品物件之創作手法上，有時會運用明暗、黑白、留白，並進一步延伸為景觀之借景法、以柔克剛及畫龍點睛潤飾等藝術美之

▲氣韻生動的果雕藝術美

創作手法均屬於此原則的運用。事實上，陰陽調和之原理主要在強調物件產品的組成元件之間，須能達到生剋平衡，相互調和之意境美。此手法類似「均衡」、「對比」之西洋美學風格。

三、氣韻生動原則

所謂「氣韻生動」，係指餐廳的格局設計、裝潢擺設及產品的設計，須力求外在形制美外，更要由「形似」轉為神似，由寫實轉為寫意，以達渾然天成，巧奪天工的自然美、意境美。例如：餐廳宴會所呈現的冰雕或蔬果雕等產品物件，在雕刻時須能慎選最適切的材料，再將材料的特性發揮得淋漓盡緻，展現出「精、氣、神」的意境，此即氣韻生動之意涵。此外，在山水畫中常見雲煙靄霧、山巒朦朧等意境之美，均是中國傳統藝術設計氣韻生動的手法。

▲餐廳布設須能營造餐廳特色

▲餐廳布設須運用布局成勢原則，以營造高雅藝術氛圍

四、布局成勢原則

所謂「布局」，是指餐飲美感體驗的營造手法或創作方式。如運用前述的位序主從原則、陰陽調和原則，以及比例、對稱、均衡或統一等手法來規劃設計及安置即是例；至於「成勢」是指最後所希望達成的成果或作品。若以餐廳的格局規劃而言，想營造餐廳的特色，設計之初即須先將內場與外場兩大空間作整體規劃，再分段分區來施工。餐廳外場的布置須以用餐區空間為主軸，其餘空間如出入口、玄關、等候區或客用洗手間等為輔；餐廳裝飾藝術布置，若想要營造用餐氛圍，則須先考量餐桌椅、服務櫃、出菜台、酒櫃或屏風等家具之空間配置，以及餐廳藝術品，如壁飾、古董、陶瓷或繪畫等裝飾品的陳列位置，最後再以色調及燈光來搭配，以創造高雅藝術氛圍之效果，此即為「布局成勢」原則之應用實例。

▲玫瑰花代表愛情

▲康乃馨代表親情、思念

五、中華文化符碼的裝飾原則

美國知名美學家蘇珊．朗格曾為藝術下定義：「藝術是人類情感的符號形式所創造。」將藝術當作是人類文化符碼的一種產物。所謂「文化符碼」係指人類社會文明的演進過程中，在當地民情風俗及日常生活習慣中，所孕育出具有象徵意義或意涵的文物。茲將我國常見的文化符碼及其運用原則，分述如下：

(一)象徵符碼

我國傳統文化中，有很多具有民族性的象徵符碼，均各有其特別代表性的意義。因此，在選用時須適切得當，以免張冠李戴而貽笑大方。我國常見的文化象徵符碼計有：

1.龍鳳：意指帝王、天子或具英才貴相的子弟。
2.四靈獸：是指十二星宿中的青龍、白虎、朱雀、玄武，其主從序位為：左青龍、右白虎、南朱雀、北玄武。

▲牡丹花為象徵富貴的吉祥畫
（書畫家鄭美德老師提供）

▲松鶴山水畫象徵長命百歲
（書畫家鄭美德老師提供）

3.如意：原為玉石器物，一端呈芝形或雲形，象徵吉祥如意。

4.福祿壽：象徵三星高照。人事齊全為福，有官爵為祿，年高為壽。

5.花語：玫瑰花代表愛情、相愛；康乃馨代表親情、思念；百合花代表百年好合。

(二)吉祥畫、吉祥語

通常是指具主題造形所組成的吉祥話圖案或成語，摘介如下：

1.吉祥畫：以盛開的牡丹花作為花開富貴之意；松鶴之山水畫，象徵長命百歲之祝壽吉祥語。

2.吉祥用語：「金玉滿堂」祝頌榮華富貴之吉祥語，通常是運用在新居落成時之賀詞。

(三)造形符碼

是指經由語文轉化而來的圖案、紋飾。例如：

1.五隻蝙蝠的圖案或飾物，意指「五福臨門」。常見於房屋門窗，作為裝飾物。
2.松竹梅的圖案飾物，象徵「歲寒三友」的情操志節。

綜上所述，中華文化風格的餐飲美學之設計，其精髓是以儒、釋、道的精神及美學思維，並以代表中華民情風俗習尚的文化符碼來加以裝飾，營造出一種超凡脫俗、富饒意涵情境之美，進而成為最具代表東方文化風格的餐飲美學。

第二節　西方文化風格的餐飲設計美學

每個民族都有自己的獨特文化風格，它們往往鮮明地體現於其藝術型態中。因此，西方美學文化所強調的數值比例、對稱、對比、均衡及幾何構圖等原則，均已成為今日西方文化風格餐飲設計美學形式表現的方式及手法。

一、數值比例原則

數值比例原則的概念及其手法，係源自古希臘文明的數論，認為美的本質存在於人體各部分與整體的比例中。因此，藝術之美最重要的是須能反映自然界或作品最基本的比例關係與和諧。

早期的數值僅重視簡單的整數比及自然級數比，因為當時的正方形及圓形被認為是最美的，如希臘柱式的高度與柱身基座的寬度，其比值為整數「6」。直到文藝復興時期由達文西（Leonardo da Vinci）手繪維楚維斯人，強調人的尺度比例美，認為若人體各部分與整體的

▲西方建築重視數值比例之美

▲繪畫、雕刻講究黃金分割比例

比例，其比值在1.618時為最美，也最穩重，稱之為「黃金分割比」。其公式如下：

A：B=B：A+B，比值約1.618最美
（A代表某整體的一小段長度；B代表整體中的大段長度；A+B代表整體長度）

數值比例原則為西方餐飲設計美學最為重要的基本法則。自古以來，此項原則一直被運用在建築、繪畫、手工藝、雕塑及雕刻等藝術作品當中，同時也是美學家之審美原則及鑑賞標準。例如：人的顏面五官之比、手掌與手臂長度之比、腳掌與身高之比，以及小腿與大腿間長度之比等，其比例須相當且適切，始能展現出人體之美。

二、幾何系列原則

所謂「幾何系列原則」，係指餐飲產品的設計，須考慮作品或創作物件之幾何圖形相互關係，如對稱、對比、平衡及構圖等原則，茲摘述如後：

(一)對稱原則

對稱的原則是由自然美觀察而得的概念，大部分的生物造形均以左右對稱為美，為常態。因此，若審美對象在視平線上，如果是以垂直線作為對稱軸的對稱造形，將會被認定是美的形象。至於對稱的型態可分為左右對稱和輻射對稱兩種造形。

▲黑白明暗對比原則在餐廳設計之應用

(二)對比原則

對比是指質感或質量的反對稱而言。例如：將質感或質量不同的事物並列，使其產生極大的反差現象，進而形塑出強烈的動感、活力或顯著明晰的視覺效果，如黑白、明暗、大小、高低、曲直及肥瘦等形及色之對比。

(三)平衡原則

平衡原則另稱「均衡原則」。只要是美的作品，無論是在質或量的設計，均須考量其比重的均衡，始能營造出美感。

(四)構圖原則

所謂「構圖原則」，是指運用幾何學上的內切與外接原理，並輔以黃金分割與組合之比例手法所建構而成的構圖術。如今，西方餐飲藝術作品，如餐廳建築、繪畫、蔬果切雕及菜餚盤飾等各方面之操作手法，均與此構圖術有關。

▲菜餚盤飾須符合構圖原則

文藝復興時期西方文化的美學，由於人文主義及經驗主義抬頭，在建築、繪畫與雕塑藝術上有極高的成就，如羅浮宮、楓丹白露宮及聖彼得大教堂等建築，均是出自此時期運用構圖術之鉅作。此外，達文西的名畫《蒙娜麗莎》之創作，其五官是由人臉的五官裡分別挑選最美的五官，運用比例構圖術予以組合而成最美的人臉。

▲聖彼得大教堂為文藝復興時期西方建築美學之典範

三、韻律、漸層、統一原則

所謂「韻律」，另稱節奏或律動，原是指同樣或諧音的音符，以等距或倍距的時間重複出現所形成的規律性美感，後來引申為以同樣造形元素，經由等距或倍距時間所形成的美感。至於「漸層」則是以上述方式來達到「漸強或漸弱」所形成的美感。

所謂「統一」是造形美感最重要的法則，是指組成藝術作品的個別元素，例如形、色、質或光線等所形成的美感能達有機統一性、完整性之和諧美。

▲蒙娜麗莎五官之美為比例構圖術手法之應用

四、西方文化符碼應用原則

西方文化符碼在美學上的應用，就造形藝術最常見的文化符碼，蓋可分為下列幾類：

(一)希臘羅馬柱式

在希臘羅馬建築所使用的柱子，均有其特殊的象徵意涵，如希臘的三種柱式：多利克柱式象徵莊嚴和力量，代表男性；愛奧尼克柱式象徵優雅輕盈而活潑，代表女性；科林斯柱式象徵精巧細緻且裝飾性，代表少女。至於羅馬五柱式，也是象徵守護神的性別及神階。

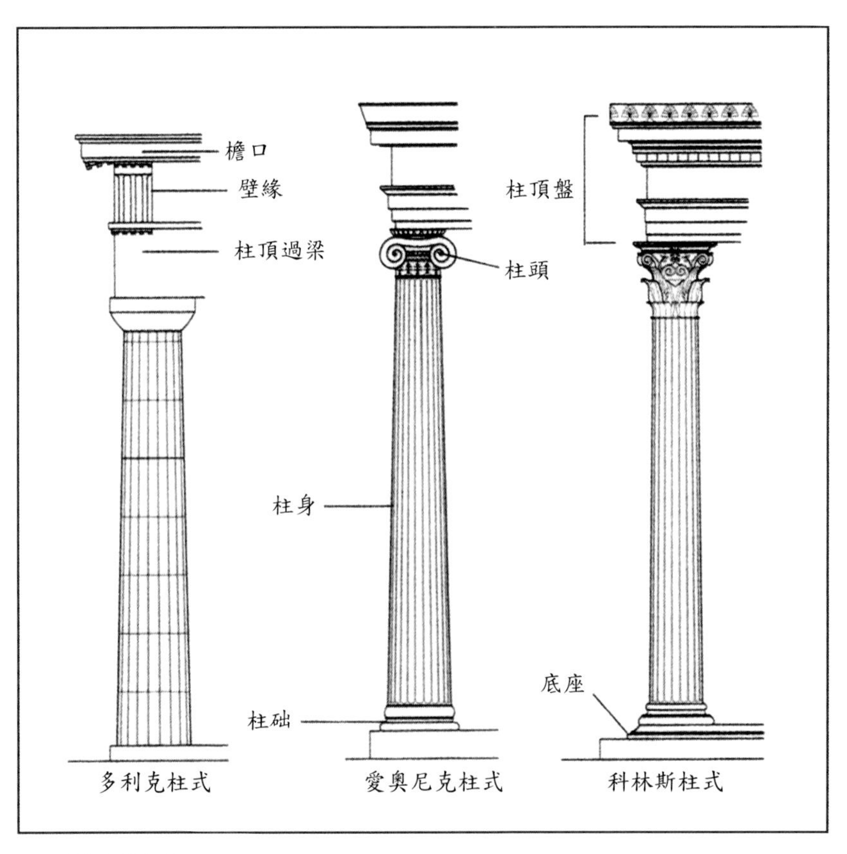

▲三種希臘柱式

(二)建築山花

建築山花早期是西方神殿牆面裡的裝飾雕塑，其題材計有三大類：一種是以主祭祀神的神話故事為雕刻裝飾題材，另一種是以歷史人物、戰事及事件作為雕刻裝飾題材，最後一種是聖經的故事作為題材來裝飾雕刻。此類建築山花迄今已成為時尚西餐廳的裝飾物件。

(三)其他

在繪畫、雕刻或雕塑等藝術品當中，有些是以希臘羅馬神話故事中的主角所使用的配飾、配件、武器或騎獸等作為題材；有些則以較有名的典藏藝術加以複製，或以「反諷典故」之戲謔手法來創作新藝術品。

▲西方神殿牆面的神話故事為山花雕塑

學習評量

一、解釋名詞

1.位序主從

2.陰陽調和

3.四靈獸

4.黃金分割比

5.多利克柱式

二、問答題

1.我國傳統美學的審美觀，主要是指何者而言？

2.中餐宴席上菜順序及菜餚擺盤美學，是依據餐飲設計美學哪一種原則所規劃設計的？

3.我國餐飲設計美學為何重視寫意及神似？試述之。

4.試說明我國文化符碼「牡丹花」及「如意」所代表的意涵。

5.西方餐飲設計美學最重要的基本法則為何？試述之。

6.你認為希臘羅馬建築所使用的柱子，其款式有哪幾種？並請說明其意涵。

Notes

Food
CHAPTER
3

& Beverage Aesthetics

現代餐廳的設計美學

單元學習目標

- 瞭解餐廳格局規劃所需空間的配置
- 瞭解餐廳動線規劃美學
- 瞭解餐廳外場空間設計美學
- 瞭解餐廳燈光照明設計美學
- 瞭解餐廳色彩美學之運用技巧
- 培養現代時尚餐廳裝潢布置的能力

現代餐廳設計之目的，主要在彰顯餐廳風格特色，營造產品的魅力，以吸引消費者前來，進而滿足其美食文化體驗之需求。因此，現代餐廳設計並不僅是一種「純藝術」，而尚須兼顧實用性。所以餐廳設計之前，即須針對餐廳營運主題、市場定位、供食內容及服務方式來考量，再就其所需空間、燈光照明、色彩運用及裝潢布置等予以整體規劃，期以達到統整、和諧之美。本章僅針對形塑時尚餐廳風格所需的空間、照明、色調，以及裝飾布置藝術，來加以探討餐廳美學。

第一節　餐廳空間美學規劃

餐廳格局規劃，首重空間的設計。由於餐廳類型及營運方式不同，因此餐廳設計風格也互異。唯為營造餐廳空間的形式美，其格局規劃的基本原則均一樣，即須先整體規劃再分區施工。各區域空間的大小及其所需擺設的家具、設備或飾物，均須依適當的比例及需求，井然有序組合，力求由點、線、面，而達到形的有機統一和諧之完美藝術體。

一、餐廳格局規劃的空間配置

餐廳格局規劃，基本上可分內場與外場兩大區域的空間配置，說明如下：

(一)外場

無論餐廳的類別或規模大小如何，一個完美的格局規劃，其外場空間的配置，須考量與顧客有直接密切關係的接待服務區域之空間配置，如出入口、玄關、等候區、用餐區及客用洗手間等。至於外場空間的設計須以用餐區（Dining Room）為主軸來統籌規劃。為營造整體的美感與氛圍，各部分區域的空間大小及位置，須以適當的比例、均衡或對稱等操作手法，來形塑一個獨具風格的綜合藝術體。

(二)內場

餐廳內場面積之大小，端視餐廳營運方式、外場用餐區面積，及其菜單內容而定，唯基本上須符合食品衛生法的規定，最理想的內場面積為外場面積的1/3以上。餐廳內場空間的規劃是以廚房及倉儲區為重點，唯須以廚房作業區，如清潔區、準清潔區及汙染區三個空間動線為核心來作有效的空間規劃。

▲餐廳外場出入口及等候區的設計

▲餐廳外場整體規劃須講究空間位置及大小比例

二、餐廳空間規劃應注意的事項

為創造餐廳的獨特風格，營造有效率、有節奏感的溫馨餐飲服務，餐廳在空間規劃，務須特別注意下列幾方面：

(一)動線規劃

為確保餐飲服務作業的井然有序，使餐飲產品服務能有效率及韻律感，在餐廳空間規劃時，要考慮顧客、服務人員及餐飲產品等的流動方向和行進路線。茲說明如後：

1.餐廳正門設計不僅要力求美觀，吸引過往人潮之注意力，更要便於進出。最好進出口要分開，並且在入口處加以綠化美化及預留適當的空間，以利

▲餐廳內場規劃須以廚房作業區為核心

▲餐廳正門設計須能吸引過往人潮

▲餐廳入口處須綠化美化，並預留空間以利進出

▲餐廳用餐區須考量顧客進出及服務

停車或泊車服務。

2.顧客動線以直線規劃為佳，並儘量避免迂回，以維護餐廳用餐區幽雅寧靜，並儘量避免干擾其他顧客。

3.顧客進出動線須與服務人員的服務動線分開，力求避免交錯，以防碰撞意外事件之發生。

4.餐廳上菜與撤席或回收殘盤的通道或行進路線要分開，避免交錯零亂而影響服務作業之節奏感及顧客視覺美感。

5.上菜通道儘量遠離或避開顧客進出的空間，以確保服務傳遞之順暢並可展現服務之節奏感及韻律感。

(二)空間規劃

由於餐廳空間面積有限，為發揮工作服務效率及營造整體空間的和諧美，在餐廳空間規劃設計時，須注意下列幾點：

1.餐廳產銷作業有關部門的空間位置，宜儘量規劃安排在同一層樓面或鄰近位址，以利營運作業之溝通協調及服務效率提升。例如：餐廳外場用餐區與廚房烹調區不僅要設法規劃在同一樓面，且二者間的距離應愈短愈好；自助餐上菜通道或出菜口，須靠近供餐檯。

2.餐廳空間規劃除了考量各部門的關係及工作內容所需外，尚須兼顧消防安全之需，期以作最高效率的組合運用，並兼顧餐飲安全衛生之企業社會責任。

▲自助餐上菜通道須靠近供餐檯

三、餐廳外場空間美學的設計

為營造餐廳浪漫、高雅、溫馨的氛圍，期以透過視覺、聽覺、嗅覺、觸覺和美的事物等來吸引餐廳顧客，餐廳外場空間的規劃設計，必須特別注意下列幾點：

(一)餐廳入口門面外觀的設計

餐廳入口門面外觀及餐廳招牌形象標誌的設計風格，須符合餐廳營運主題、市場定位及餐廳品牌形象。此外，內部裝潢與外部設計要力求統整和諧，以免顯得突兀而不相襯。例如：古典休閒西餐廳的外觀及其入口門面設計，可採用巴洛克建築設計美學的手法來營造古典浪漫豪華的氛圍；中式餐廳可考慮採用模仿我國古代金碧輝煌、雕梁畫棟之宮殿式風格設計，並飾以宮燈於正門入口處，期以形塑餐廳特色，營造獨特的藝術風格。

▲餐廳招牌形象標誌須符合營運主題

▲餐廳入口門面設計的獨特藝術風格

◀具借景之效的餐廳門窗設計

▼餐廳玄關接待櫃檯

(二)餐廳大門的設計

餐廳大門的設計能給人良好的第一印象。大門設計宜開闊且以開放性為佳。例如：有很多餐廳大門連窗的設計均採落地式大玻璃，不僅能吸引過往路人的目光，更能提供餐廳用餐顧客窗外美好視野的景觀，具有借景之效。

大門設置的位置應以容易看到的明顯位置為宜，通常規模較大的餐廳正門是安置在中央，至於較中小型店面的餐廳大門較適於設置在左側或右側，唯以便於客人出入為原則。餐廳大門的裝飾須符合餐廳內外裝潢風格，力求層次感、韻律感及一致性。至於大門的材質選擇，最好以厚重實木或強化玻璃為上選，儘量避免採用鋁合金或不鏽鋼門，以免讓人有一種拒人千里之外的疏離感。

(三)餐廳玄關、等候區之設計

餐廳大廳包括接待櫃檯、等候區等顧客接待服務之公共空間，在組合運用上須能合於美的形式法則。顧客步入餐廳，首先迎入眼簾的是大廳玄關的格局規劃與裝潢擺設，其格調的高低將會影響整個用餐體驗之知覺價值。餐廳大廳的主色調和色彩的搭配，宜以暖色系為主，再依餐廳的風格及客層定位來選擇擺放一些裝飾藝術品或綠色盆景，如運用各種裝飾材料、雕塑、手工藝術品、繪畫或盆花等來結合餐廳經營主題，創造出具有層次感的藝術空間。

至於大眾化平價小吃的餐廳或速簡餐廳，玄關大廳的設計裝潢就不必太過奢華講究，只要力求明亮、乾淨、衛生及舒適親切即可。

(四)餐廳用餐區之設計

餐廳的格局規劃主要是以外場用餐區為主軸來作整體規劃的藍本，至於餐廳用餐區空間的設計及布置擺設，則以餐桌椅為主，其他家具設備為輔，依「位序主從」的原則來「布局成勢」，營造整體的藝術美。

餐廳外場用餐區之規劃設計，除了講究高雅氛圍、溫馨舒適的情境外，更要兼顧實用與工藝美學，如餐廳的餐桌椅、服務櫃、工作檯及飾物或設備的擺設、服務人員的作業空間及服務效率等均須一併充分考量，使其發揮最大的邊際效益，建構完美的綜合藝術體。

▲平價餐廳的等候區設計

▲餐廳用餐區空間設計應以桌椅為主

▲餐廳用餐區除了講究高雅氛圍外，尚要兼顧實用與工藝美學

四、餐廳用餐區桌椅布設的型態

為營造餐廳的氣氛，給予顧客美好的進餐體驗，餐廳用餐區的布設須能以滿足顧客視覺美感為前提來設計。基本上，為形塑用餐區之整體美，須先以餐桌椅的擺設為主要軸心，始能孕育出和諧、單純、統一的形式美。茲以目前常見的用餐區桌椅擺設型態，摘介如下：

(一)直向型平行排列

1.餐桌擺設方式係由大門入口朝店內直向排列，適於縱深較長的餐廳。
2.服務動線佳，且客人選擇座位入座方便。
3.適於大眾化、顧客流動性快及翻檯率高的平價餐廳。

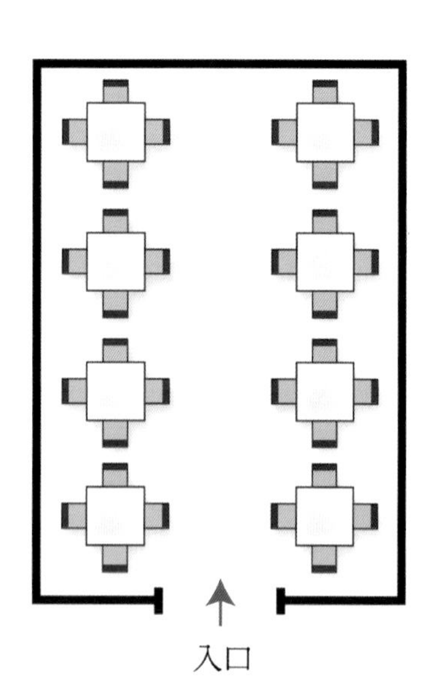

(二)橫向型平行排列

1.適於店面寬、縱深短的餐廳空間。
2.能將空間有效利用，適於講究用餐氣氛、情調品味的高檔法式餐廳。
3.缺點為：中間通道的客座易受干擾。

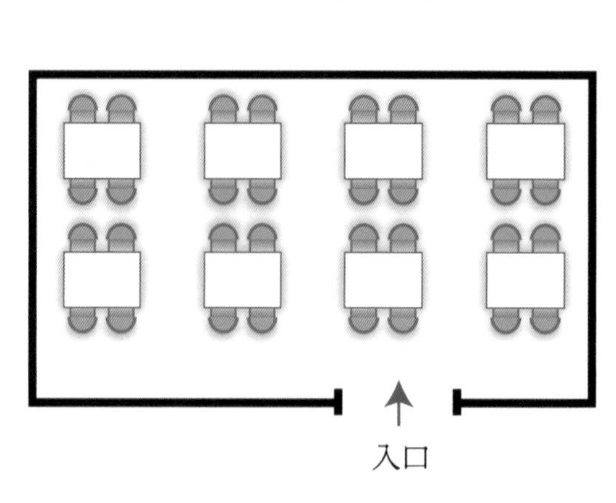

▲滿足顧客視覺美感的用餐區設計

▲餐廳用餐區桌椅的擺設規劃須能營造美感並兼顧坪效

(三)對角型排列

1.餐桌以對角方式擺放，屬於散布型的排列方式。

2.較能節省空間，且能提高座位容量之餐桌排列方式，有助於提升服務品質及餐廳層級。

3.適於注重顧客隱私，講究服務品質高價位層級的餐廳。

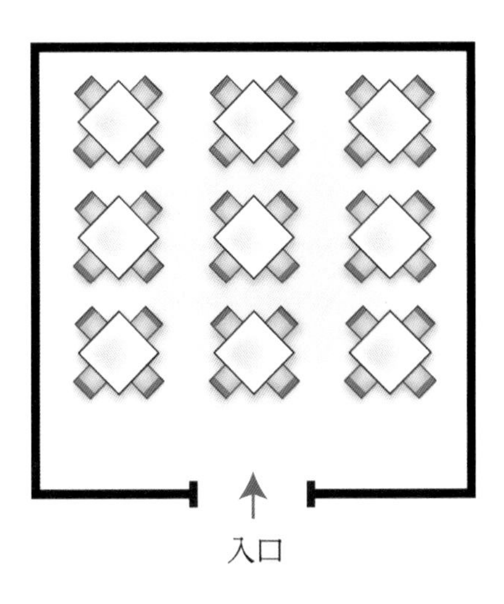

(四)混合型排列

1.針對餐廳空間及營運需求，綜合上述各類型餐桌之擺設，以發揮最大空間利用效果。

2.缺點：易造成服務動線雜亂。

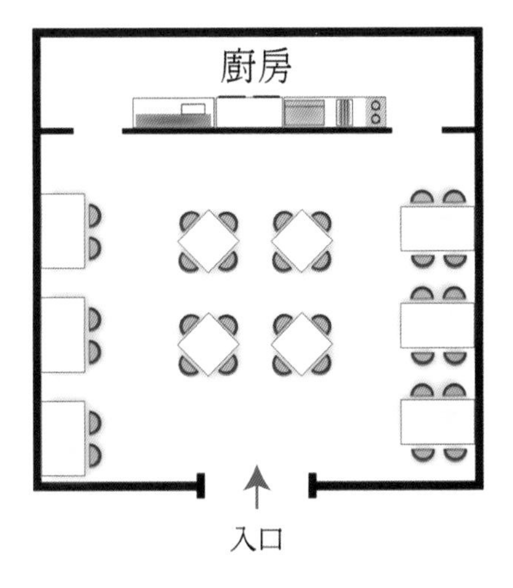

綜上所述，餐廳用餐區桌椅的擺設方式雖然有多種不同的型態，但最重要的是動線規劃要順暢，不僅能發揮餐廳最大的坪效，更能營造空間的美感與特色。為確保餐廳用餐區之視覺美感，客人行進的主通道宜規劃在120～135公分寬；桌與桌之間距須維持在140～180公分寬，始能在服務動線上創造出律動性的節奏美。

▲餐廳各式吊燈

▲白熾燈泡的方型吊燈

▲桌上立燈

第二節　餐廳燈光照明設計

餐廳的照明為餐飲美學設計極重要的一環。它可分為自然照明與人工照明兩種，前者是以日光為光源，利用建築主體結構的開口，如門窗、天窗或天井等來進行採光；後者是應用人工光源，如火炬、燭光或燈光等來作為明視照明或氣氛照明。現代餐廳的照明設計，大部分是運用各種不同的人工光源來美化及營造氣氛。本單元將針對餐廳燈光照明美學加以探討。

一、人工照明的光源

餐廳人工照明所採用的光源，主要有下列幾種：

(一)白熾燈泡

此類燈泡是利用熱放射原理來發光，另稱IL燈，如一般常見的燈泡、鹵素燈、反射燈或迷你夾燈等均是，經常運用在筒燈、吊燈、壁燈、立燈等燈具中。

(二)日光燈

日光燈是利用低壓汞蒸氣裡弧之放電原理來發光，如直管日光

▲間接照明所採用的環型日光燈

▲以日光燈為光源的照明設計之一

▲以日光燈為光源的照明設計之二

燈、環型日光燈或燈泡型日光燈等，常用於餐廳間接照明及吸頂燈等使用。唯較不適於講究進餐情境氛圍的餐廳中使用。因為日光燈會吸收大部分光譜中的色彩，尤其是食物會因而呈灰色或失去原有的亮麗色澤，因此不適於餐廳及美食照明使用。

▲HID燈常用於餐廳戶外照明

(三)HID燈

HID燈的發光方式也是運用放電原理，它是以高壓放電方式來產生強光。HID燈是高壓汞燈、金屬鹵化物燈及高壓鈉蒸氣燈的總稱，另稱高亮度放電燈。由於亮度高，並不適於作為餐廳內部直接照明用，可作為戶外庭園餐廳周邊景觀之照明。

▲LED燈常用於酒吧照明

(四)LED燈

LED燈是新世代的光源，另稱「發光二極體」。它是利用半導體正負極結合正向流通的電流來發光，由於白色LED燈的出現，不僅體積輕薄短小，且耐用壽命可持續40,000小時之久，尚能隨意創造出紅、綠、藍等各種混合光色，因此深受現代餐廳照明美學設計廣為採用，如酒吧、夜總會或大型宴會的舞台裝飾等。

▲水晶吊燈之一

▲水晶吊燈之二

二、餐廳燈具的種類

餐廳常見的燈具，依其形狀及光的照射方式來分，蓋可分為下列幾種：

(一)吊燈

1.種類：吊燈有中西式之分，中式吊燈以宮燈造形為最典型代表，具有中華文化及民族風味的特色，其燈框以木質或竹製為多，鑲嵌繪有山水、花鳥等圖案的玻璃式綳紗、透光性強的壓克力板或油紙。燈籠的形狀有四角、六角、八角或圓形等多種，燈籠的下面並飾以中國結或掛穗。至於西式吊燈是以水晶吊燈及金屬造形的吊燈為多。

2.光源：吊燈所採用的光源有多種，如一般燈泡、迷你氪燈、鹵

▲直接採光的無遮罩日光燈

▲天花板嵌入型附遮罩的日光燈

素燈或Hf日光燈（高週波專用日光燈）。

3.配光：配光是指光的照射方式，吊燈配光是屬於擴散性。

4.用途：此照射方式，適於餐廳內的大客廳或宴會廳使用。

(二)天花板嵌入型Hf日光燈

1.種類：可分下部開放無遮罩及附有遮罩兩種。前者為直接採光；後者為間接採光。唯大部分餐廳均採有燈罩者為多。

2.光源：採用直管型高週波專用日光燈或小型日光燈。

3.配光：屬於廣照型的照射方式。

4.用途：適於一般餐廳及宴會廳。為增添餐廳用餐氣氛，大部分是以彩繪圖案的透明遮罩來裝飾美化。

(三)壁燈

1.種類：壁燈主要可分上方光照射與下方光照射兩類，其造型須與餐廳主題相配，力求統整和諧之視覺美。

2.光源：壁燈所使用的光源很多，計有一般燈泡、迷你氪燈、鹵素燈、水晶吊燈燈泡、燈泡型日光燈或LED燈。有些休閒式異國風味餐廳會利用火炬或油燈來作為營造其餐廳文化風格的壁燈。

3.配光：屬於擴散作用的照射方式。

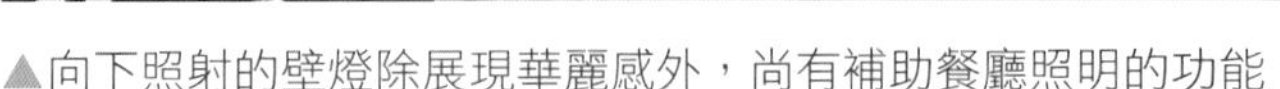
▲向下照射的壁燈除展現華麗感外，尚有補助餐廳照明的功能

▲餐廳通道的壁燈造型可營造餐廳風格特色

4.用途：通常是安裝在餐廳牆壁上，其作用除了裝飾美化牆面外，更能展現空間的明亮度與華麗感，可彌補餐廳水晶吊燈等光源照明之不足。

(四)筒燈

1.種類：筒燈依其安置位置而分，計有室內藝術造型筒燈與屋簷防雨型筒燈兩類。

2.光源：筒燈使用的光源為最廣，計有LED燈、小型日光燈、迷你氪燈、鹵素燈及燈泡型日光燈等多種。

3.配光：筒燈的照明方式是屬於多元化，可作為廣照型、狹照型及洗牆型用。

4.用途：此為餐廳室內裝潢組合之元件，可供餐廳室內照明及美化用。

(五)聚光燈

1.種類：聚光燈主要型態有筒型與線槽型之分。

2.光源：聚光燈所使用的光源，計有迷你氪燈、鹵素燈、燈泡型日光燈以及LED燈等多種。

▲筒燈可供室內照明美化

▲室內藝術造型的筒燈

3.配光：光源照射方式有廣角型、中角型及狹角型三種。

4.用途：適用於營造主題藝術之焦點作品或特色美食，如大型宴會、主題大型冰雕、香檳塔、現場烹調展示或餐廳酒吧等氛圍之創作營造。

▲聚光燈可供營造大型宴會主題特色

▲香檳塔可透過聚光燈照明增添會場氣氛

▲酒吧牆面的線槽型聚光燈設計

▲餐廳走廊通道的腳燈設計之(一)

▲餐廳走廊通道的腳燈設計之(二)

(六)腳燈

1.種類：大部分屬於嵌入壁面的型態。

2.光源：主要有小夜燈燈泡、小型日光燈及LED燈。

3.配光：主要為擴散光源。

4.用途：主要是安置在樓梯之階梯及走廊或通道上，具有裝飾美化及照明輔助之功能。

(七)其他

立燈、吸頂燈及夾燈等。

三、餐廳燈光照明美學的應用

餐廳燈光照明設計已由昔日重視水平面的照度，轉為人性化的亮度設計。現代餐廳的照明，為營造獨特的餐廳文化藝術美的風格，須由「一室一燈」的照明方式，轉為強調亮度設計的「一室多燈」的照明思維，不僅能節省能源且能營造浪漫、溫馨的餐飲服務實體環境之氛圍。僅分別就中西式餐廳的照明設計方式，予以介紹如下：

(一)中式餐廳的照明設計

▲暖色調的中式餐廳燈光照明

中餐廳通常是以地方菜系來分類，因此在餐廳的裝潢設計上均以結合地方文化色彩為重點。唯中式餐廳均以典雅古色古香之中國風格或宮殿式建築設計為主軸來營造中餐廳的風格。在餐廳裝飾及色系的選擇上，較偏愛具人情味之熱情、溫馨、親切的暖色調，如紅、朱紅、橙或黃等色相。

因此，餐廳所採用的各種照明燈具之造型及其光源之色調或亮度，均須以能營造上述色調及文化風格者為考量。例如：餐廳的主燈是以具民族文化意涵的金黃色或朱紅色的懸吊式宮燈，另輔以中國傳統藝術圖案造型的壁燈，以左青龍右白虎的位序，井然有序分置於用餐室左右兩側。餐桌上另放置六角型小宮燈來點綴，不僅位序主從有統一和諧之感，更能彰顯中餐典雅華麗之韻味。

(二)西式餐廳的照明設計

西餐廳的格局規劃及裝潢擺設，因涉及各國民情風俗、生活習慣及飲食習慣的不一，西餐廳的裝潢及燈光照明的規劃設計風格也互異。僅以當今享有古典美食盛譽的法式餐廳為例，來介紹其照明設計。

法式餐廳是一種全服務（Full Service）的精緻美食餐廳，也是一種兼採旁桌服務或手推車現場烹調服務的高價位餐廳。為形塑此類餐廳的高雅溫馨氣氛，除了在餐廳裝潢、餐桌擺設、服務技能及美食佳餚等各方面來營造「真、善、美」之意境外，對於餐廳燈光照明的操作手法更講究，期盼經由照明的亮度來增加餐廳的空間感並促銷所陳

▲法式餐廳的餐桌擺設

▲法式餐廳的燈光照明及燭光照明設計，可營造羅曼蒂克的氛圍

列的美食及名酒。為吸引顧客的目光，更以聚光燈來打亮牆上所擺設的名畫及展示檯上的藝術品，藉著燈光明暗的強烈對比來營造餐廳氣氛，彰顯其藝術品味。

法式餐廳的照明設計，擅長使用古典造型的壁燈來吸引顧客的注意力；在餐廳周遭的花園飾以向上照射的筒燈來增添美感；在餐廳用餐區之天花板，懸吊一盞高雅亮麗耀眼的水晶吊燈，牆上飾以古希臘羅馬風格的托架式燈具或典雅造形的壁燈。此外，晚餐時段將光源減弱，再以餐桌上的燭光照明，透過閃爍的燭光光影搖曳，營造出高品質服務的羅曼蒂克優雅氣氛及浪漫的美食饗宴氛圍。

綜上所述，餐廳照明之功能除了實用性的餐廳建築及餐飲服務設施所需照明外，大部分均作為營造空間美感、美化餐飲美食之色澤、形狀，提供繽紛色彩或柔美燭光之對比照明，使餐廳實體服務環境所有裝潢及藝術作品，均能創造一種氣氛，使顧客能完全融入到一個虛構的情境氛圍，進而享有難以忘懷的用餐體驗。

第三節　餐廳色彩美學

在我們日常生活的世界裡，所有的周遭事物或所處的環境中，到處都有其自己的色彩。色彩不但能美化世界、振奮人心、提升生活品質，更會從視覺上影響到我們身心的體驗與感覺。因此，色彩美學已成為當今餐飲美學設計不可或缺的一門學科。本單元將分別就色彩美學的基本概念及餐廳色彩選擇的要領來加以探討。

一、色彩美學的基本概念

色彩美學設計最重要的是須先瞭解色彩的屬性及其意涵，然後再研究色彩的配色原則，期以確立色彩美學的基本概念。

(一)色彩的概念

所謂「色彩」，是光線照射到物體表面之反射光，刺激到眼睛的網膜所引起視覺反映作用。易言之，當沒有光線或光線微弱時，自然無法看到或感受到色彩的存在。在正常情況下，人們都能辨別色彩，唯有少數色感較差的人，只能辨別部分的色彩。因此，色感及對色彩的偏好完全端視個人之個別差異而定。

▲色彩艷麗的蔬果雕作品

一般而言，色彩可分二大類，一為「無彩色」，如白色、黑色、灰色等不帶色彩的顏色；另一為「有彩色」，如紅、黃、藍等顏色。

(二)色彩的三屬性

色彩的三屬性，是指「色相」、「明度」、「彩度」三者，另稱色彩的三大要素，為建構色彩美最重要的方法。

◆**色相**

色相是指所有「有彩色」的顏色類別，如紅、橙、黃、綠、藍、紫等六個基本色彩代表。此六個色相是依光譜中，其波長之長短依序排列而來，此色相也可作為「色相環」。為了便於整理及美學設計，可將色相環均等分割為數個類別色組，如暖色系及冷色系。

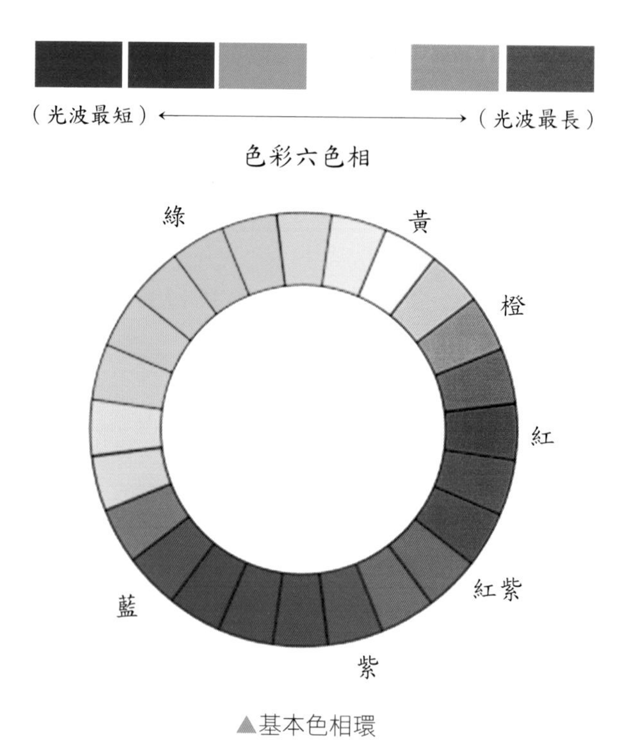

▲基本色相環

▲十二色相環圖

◆明度

明度是指明亮和暗度的程度，通常在「無彩色」的黑、白、灰的顏色中來作區別，如白色為所有色彩當中最明亮，黑色則最暗。如果「有彩色」的顏料中混合白色時，則比較明亮；若混合黑色時，則會顯得漸次深暗。此外，在白色與黑色之間尚有灰色，因而較接近白色的灰色，稱為明灰色；反之，若較接近黑色者，則為暗灰色。

現代色彩美學設計，為營造顏色的變化感，經常會將顏色混入「黑」或「白」色來變化其色調，如漸層感即是運用明度此屬性之手法。

◆彩度

彩度是指有彩色之色彩的鮮豔度或色彩的濃、淡、強、弱等而言。彩度也與明度一樣，可運用「黑、白、灰」顏色的添加來改變原色相之色調。彩度在視覺效果中，可形塑物體的重量感及運動感。例如：高彩度的暖色或暗色，具有較重、有壓力的感覺；低彩度的冷色或淡色，具有較輕、柔軟的感覺。

在所有色相當中，彩度愈高者，會讓人感覺到愈蓬勃有動力；彩度愈低者，令人感覺愈沉穩且遲鈍。

二、色彩的調和與配色原則

所謂「色彩的調和」，就是在統一中有變化，同時在統一與變化中，能維持一定程度的均衡，而在整體上能營造出和諧感。為求色彩的調和，在配色方面須遵循下列原則：

(一)同色調的配色

同色調的配色另稱「單色配色」或同類色調和，它是以同一色系的色相來作不同明暗程度的變化，而獲取整體和諧的效果。例如：以紅色為例，可由帶紅的白、黑、灰混合所構成的顏色中來篩選組合，如此可從色相相同的共同性來得到統一感，並有粉紅、淡紅及暗紅的變化感。

▲同色調之配色裝潢設計

▲採對比色調的餐廳裝飾配色

(二)類似色調的配色

係指選用色環上左右相鄰的三、四種顏色，予以組合並進行配色之操作手法。類似色調的配色與前述同色調的配色原理一樣，若彩度相同或類似時，均可達到統一感的調和配色目的。例如：運用色環上黃綠、黃、黃橙色，或藍紫、藍、藍綠色等之組合來變化，即是例。

(三)對比色調的配色

對比色調的配色，另稱「互補調和配色」，是運用色環上直線對立的任何兩種顏色來組合配色，是一種強烈視覺刺激性的配色方法，會產生一種較活潑的感覺。例如：以藍紫色和黃橙色為配對的方式。

除了上述色相顏色的對比外，也可採用同一顏色濃、淡的對比；冷色系與暖色系的對比。例如：深紅色與淡紅色之組合，或紅色與藍色的對比組合。

(四)分裂補色的配色

係指一個色相與其對立的另一個色相相鄰的兩個顏色共同形成的組合。例如：藍色與橙色為對立的顏色，若挑選藍、黃橙、紅橙為

▲運用三角配色原理設計的餐桌椅色調

▲藍綠色調的餐桌擺設方式，即分裂補色的應用

一組，或橙、藍綠、藍紫為一組的配色方式，即為典型的分裂補色的配色方法。

(五)三角色的配色

係指將色環劃分為三等份，再由每等份各取第一個顏色共計三色來配色，或選擇色環中每第四個顏色，共取三個顏色為一組來運用明度深淺之變化，以形塑色調「統一與變化」之和諧美。例如：挑選色環上的紅、黃、藍此三個顏色來作深淺、明暗之變化，即為典型的實例。

三、色彩與心理之關係

色彩可分為冷色與暖色等二大色系，也可依其本質結構分為原色、二次色及中間色等三大類。原色係指紅、黃、藍等三色；二次色是由原色混合而成，如綠色是黃、藍等二原色混合；橙色為紅、黃原色混合而成；紫色為藍、紅原色混合；中間色為原色再與二次色混合而成，如黃橙色。

根據研究發現，色彩之亮度會影響消費者之情緒，因而造成其知

▲豪華特色餐廳

▲平價速食餐廳

覺上的不同認知與感覺。例如：餐飲業之食物均喜歡以紅、黃等暖色系來呈現其菜餚成品之色調，即在經由色調來刺激顧客之食慾；速食餐廳想要提高其餐桌翻檯率，因此速食餐廳之色調均以強烈對比色，或明亮的原色如黃、紅、藍，客人通常較不會滯留太久；豪華特色美食餐廳的色調則以暖色系列為主，期以營造愉悅、溫馨、寧靜及浪漫的進餐環境。關於顏色與心理之關係摘介其要供參考：

1.紅色：興奮、緊張和刺激。
2.橙色：愉悅、快活、精力充沛。
3.黃色：愉快、令人振奮、鼓舞、可激發士氣。
4.綠色：平靜安和、令人神清氣爽。
5.藍色：鎮靜、憂鬱。
6.紫色：優雅、高貴、端莊。
7.棕色：心情放鬆。
8.白色：純淨、善良、無邪。
9.黑色：陰鬱、寡歡、不吉利。

四、餐廳色彩美學的應用

色彩會影響人的情緒與感覺，雖然人們對於色彩的喜好，常因種族、氣候、生活習慣以及個人屬性之差異而有不同，唯在餐飲色彩美學設計上，為營造餐廳的特色與氛圍，務須在餐廳色彩選擇上，要特別去考量色彩在餐廳空間及餐飲美食色調方面所帶給客人的影響。

(一)色彩在餐廳空間的美感創造

色彩對於顧客心理會造成相當程度的影響力，如單一的紅色系列色調易讓人增加興奮感，但不會想停留太久；若採單一藍色的色調會令人較有安定感，但會產生迷惑及憂鬱感；若是單一的黃色會使眼睛因明亮度太高而容易緊張及疲勞。易言之，為營造餐廳的舒適感及氣氛，須慎選餐廳的色彩並妥適運用其明度與彩度之變化，來營造餐廳空間之美感與氛圍。茲列舉實例說明如下：

1.色彩的明度與彩度大小，會影響到餐廳空間給人的感覺。淺色調能使較小的空間有變大的感覺；反之，暗色調就會使空間有

▲餐廳色彩可營造餐廳的特色與氛圍

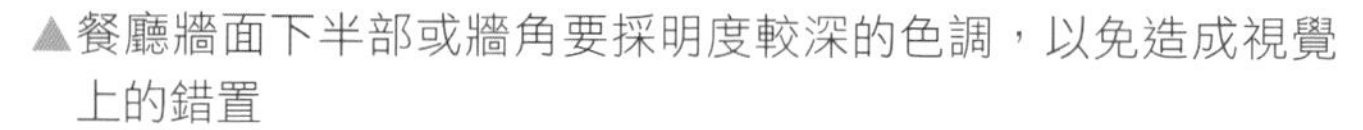

▲餐廳牆面下半部或牆角要採明度較深的色調，以免造成視覺上的錯置

▲暖色調的設計較能營造餐廳用餐區柔美氣氛

縮小之感。此外，明暗度的大小，也會影響視覺上對物件之輕重及高低的感覺。例如：現代餐廳天花板若採用較暗或濃的色調，會讓人覺得天花板矮小一點。牆面色調之設計若有明暗或深淺之色調，通常是將牆面上半段面積塗以較淺色或明度高之顏色，下半段部分或牆腳則以較深或暗的色調來塗裝，以免造成視覺上「輕重」之感的錯置。

2.色彩的冷暖色調，不僅會影響空間給人的形狀感覺，也會影響顧客在餐廳駐足停留時間的長短。因此，餐廳在規劃設計時，其所選用的色調須先考量餐廳的類型及定位。例如：高價位的全服務美食餐廳，由於前來用餐的顧客較重視溫馨用餐環境的柔美氣氛，期能滿足其慢活的美食休閒體驗，所以此類餐廳所選用的色調須以暖色系列的色調來設計，儘量運用紅、橙、黃等暖色系來作變化，較能營造餐廳顧客心理所需的羅曼蒂克之情境氛圍；平價位的速食餐廳特色是講究實用、快速、便捷。因此，餐廳並不需要講究奢華裝潢，但求明亮、舒適、乾淨的餐廳實體服務環境及流暢動線。此類餐廳的色調可採用對比性

▲餐廳色調明亮、乾淨、舒適，可塑造活潑、陽光、喜樂之感

▲紅黃系列色調的菜餚較賞心悅目，且能刺激食慾

強烈的暖色調來設計，期以塑造熱情、活潑、陽光、輕快、健康及喜樂之感，並以流暢的動線節奏感來提升翻檯率。至於冷飲及冰菓店的餐廳色調則須以能襯托其冰涼產品特徵的寒冷色調為主軸來規劃設計。如以藍、綠色系為主的色調變化，來營造大自然山、海、天空之清新、愉快、舒適及涼意。

(二)色彩與餐飲美食之關係

美食之所以能成為當今餐飲業吸引消費者前往之誘因，乃因其具有「色、香、味」之美，其中尤以秀色可餐之色彩最具視覺上的魅力。為使餐廳美食能滿足消費者追求美的天性需求，餐飲業者在食物製備、盤飾上，應特別注意下列幾點：

1.餐廳食物的顏色，儘量選用消費者較偏愛的紅、黃系列色調的菜餚或食材，此色調的佳餚較賞心悅目，能刺激食慾，使人胃口大開。例如：金黃色系列的烤牛肉、烤鴨、炸明蝦、炸雞塊或炸薯條，以及紅黃色系列的蔬果，如紅蘋果、草莓、櫻桃、

▲白熱光可強化紅色調食材的美感

▲白熱光保溫燈除了具保溫效果外，更可增添肉類色澤美

柳橙及紅黃色辣椒等食材。至於藍紫或藍綠等冷系列色調的菜餚，其對顧客的吸引力則略遜一籌。

2.為塑造色香味俱全的美食形象，在餐桌供食服務時，除了菜餚本身色澤美，尚須留意裝盛食器的形狀、顏色與餐廳燈光照明之相輔相成，始能襯托出佳餚的色澤美。例如：白熱光可強化紅色調之柔和美感；燭光紅色火焰映照在食物上，愈能彰顯佳餚之情趣美；反之，若採用綠色日光燈，將使燒烤牛肉呈青灰色、艷紅的食物變成紫色，甚至咖啡也轉為混濁的綠色。

3.餐廳所供應的佳餚色調，除了生菜沙拉及綠色花椰菜及芹菜或菠菜外，宜力求避免黃綠間色調之食物，以及藍、紫或粉紅等不易刺激食慾之食材。

第四節　餐廳裝潢布置藝術

一家有品味且深受顧客喜歡的餐廳，除了精緻美食、專精服務外，若想營造獨特的風格特色來獲取顧客的青睞，務必要在餐廳整個實體環境的裝潢設計、燈光照明、色彩搭配、餐桌擺設及裝飾品陳列布置等各方面來形塑特殊風格的氛圍，讓顧客步入餐廳，映入眼簾的景象將是一片「哇」的讚嘆聲，猶如一場美食文化藝術饗宴般的吸睛。茲將時尚餐廳裝潢布置的基本原則及中西餐廳裝飾布置來加以介紹。

一、餐廳裝潢布置的基本原則

餐廳的裝潢布置應力求高雅幽靜、舒適溫馨，讓顧客走進餐廳就能感受到一股浪漫、別緻、溫馨的氛圍，進而體會出業者對顧客的用心，同時也展現餐飲業者的經營理念與風格。為營造餐廳獨特的藝術美學風格，在餐廳裝潢設計時，須堅守下列原則：

(一)布局成勢

餐廳空間的布置講究適當的比例及對稱，由點、線、面來建構統整和藝術體，至於用餐區之規劃應以餐桌椅等家具的布設為主要重點，其餘的藝術品，如繪畫、瓷器、壁飾或掛屏等藝術陳列品則為輔。因此，在空間規劃上，須嚴守位序主從及烘托原則，期以在餐廳整個實體環境中能形塑一種韻律感及和諧感。例如：服務櫃須分別對稱擺在餐廳兩側，酒櫃須安置在餐廳醒目的位置；餐桌椅須依

▲餐廳布局要考慮用餐環境的雅緻與動機流暢，以營造整體美感

▲餐廳布置力求典雅，講究藝術風格

▲黃橙系列色調的餐廳布置設計

形式大小居中擺設餐廳中央位置。此外，餐廳布局要考量實用性，以便於接待服務客人及服務管理工作之執行，並力求用餐環境的雅緻，作業動線之流暢。例如：餐桌椅的擺設方式應考慮賓客出入便利及餐中服務作業需求，並兼顧整個餐廳空間之美感，此乃布局成勢之原則。

(二)布設典雅

餐廳服務實體環境的擺設要典雅。餐廳燈具、裝飾品、桌椅及地毯等物品的裝置，須考量顧客用餐的心境與期待，將餐飲空間以具民族特色、藝術風格的手法，讓客人彷彿置身美食文化藝術之殿堂，體驗知性與美食文化饗宴。例如：台北晶華酒店「蘭亭」餐廳，係以最具中國傳統文化藝術之美的書法為主軸，並輔以國畫、山水畫及名詩佳句為飾品，洋溢著中華藝術美學之風華。

(三)統整和諧

餐廳所有的家具與藝術裝飾品，須考慮餐廳營運的風格及餐廳等級的層次定位，不僅式樣要統一，其格調也要具一致性水準。因為餐廳類型不同其所選用的家具與裝飾品也應該有區隔。例如：豪華美食主題餐廳其所需的家具、餐具及裝飾品的材質或款式，應較具高品味及藝術化；至於一般平價或小吃餐廳，則僅需舒適、方便、實用，符

▲現代餐廳為求創新風格，有時會採明暗度強烈對比的色調來設計

▲採粗獷質感設計的伍角船板餐廳外觀

合基本功能即可。

此外，無論餐廳類型或風格如何，餐廳所採用的色調應相互協調，始能襯托出餐廳的風格與美感。例如：餐廳若採中性調和的黃橙色調時，自餐廳外觀、招牌，一直到餐廳內部桌椅、牆壁、天花板及地板等的色調均須能相互搭配，並能相互襯托出一股統整和諧的藝術美。

(四)創新風格

▲伍角船板用餐區設計每樣東西單獨看都很醜，但放在一起卻很美

現代化的餐廳格局設計藝術，須針對其主題的本質、形式及意涵等三方面特色來創新獨樹一幟。如西餐廳的裝潢設計若採現代設計風格，其色調考量，須強調紅、藍、黃、白、黑等原色之對比運用，至於形式應自原形中的正方形及長方形來突破，並重視直角美來營造其現代餐廳的時尚風格。例如：台北大直伍角船板餐廳的外觀設計是採粗獷質感的原形與直角來混搭設計，內部則以黑灰色調來形塑其獨特的創意風格；台北文華東方酒店係由國際知名設計師季裕堂負責規劃設

▲結合視覺、觸覺及味覺創新設計的台北文華東方酒店COCO餐廳
圖片來源：http://farm3.staticflickr.com/29351/ 14305837196 _c47dfc4baa_z.jpg

計，其設計理念之風格較偏向後現代設計美學之精簡氛圍，重視造形的精簡性、消費的歡娛性及敘事的生活化氛圍。

季裕堂認為酒店餐廳的設計風格，須將本地生活方式予以融入設計中，要精心打造但卻不著痕跡，這就是無形的設計（Invisible Design），「每樣東西單獨看都很醜，但放在一起卻很美」這就是展現創新風格的無形設計之魅力。如文華東方酒店的CAFÉ UN DEUX TROIS（原名為COCO餐廳）法式餐廳的設計，特別聘請阿根廷知名香水品牌「Fueguia 1833」為該法式餐廳量身調製「Coco Scent」香水，期盼誘人氣息的南國花香，能讓人留下終身難以忘懷的美好用餐體驗，這就是透過嗅覺並結合視覺、觸覺及味覺來建構餐廳特色的創新設計風格。

二、餐廳布設的藝術美

由於餐廳類型及定位不同，所以其所採用的裝潢布置與擺設方式也迥異，唯均應遵循一般餐廳布置的基本原則，再依其營運性質及目標客層需求等來加以調整運用，以展現獨特的美學風格。茲以目前市面上常見的中餐廳、西餐廳及其他類餐廳的布設風格加以介紹。

▲紅黃燈光照明襯托熱鬧，華麗氣氛的中式宴會廳設計

▲餐廳屏風及隔間扇等家具布設

(一)中餐廳的裝飾布置

為彰顯我國傳統文化風格與中華美食特色，中餐廳的裝潢布設藝術美，可自下列構成元素來說明：

◆燈光照明

為配合國人進餐喜歡華麗、熱情、喜氣洋洋的氛圍，餐廳照明最好採用強烈明亮的金黃或紅黃的光色，始能營造出燈光璀燦輝煌之熱情氣氛。燈具的造型則以具民族風格的彩繪宮燈為主，藉以襯托出熱鬧、華麗的進餐氣氛。

◆色彩組合

中餐廳的裝潢、飾品、屏風及柱子等設施設備所選用的色調，通常是以朱紅、大紅、橙黃等暖色系列為基調，較不喜歡黑色或灰色系列。

◆餐廳家具

傳統中餐廳所選用的家具設備，如餐桌椅、餐具櫃、服務櫃或屏風等之材質大部分是以紅木為主的仿明式家具。至於餐廳屏風及隔間扇，也均有維妙維肖的民間典故人物、花鳥之雕刻。

▲名人書法等藝品可供作餐廳裝飾

▲餐廳裝飾藝品擺設力求對稱和諧之美

◆裝飾藝品

餐廳除了畫棟雕梁、朱紅彩柱外，牆上更點綴著各式國畫、山水畫、花鳥畫，以及名詩佳句的名人書法等繪畫藝術作品。此外，尚有傳統文化藝術的手工藝品之展示陳列。上述裝飾藝品之懸掛或擺設方式宜統籌規劃，力求簡潔雅緻、對稱均衡及和諧，不宜太過分繁雜，否則反而破壞其美感。

◆綠化美化

為營造餐廳幽雅閒適的進餐環境及為餐廳帶來綠意盎然的生態美，中餐廳較常見的是採用具有文化傳統意涵的盆景及盆栽為多，將大自然的山水、古老蒼翠而樹根雄偉糾結之老樹，盡縮於盆中，這是我國室內綠化美化極珍貴且富饒觀賞價值的盆栽藝術。唯盆景或盆栽之擺設位置，須具有理想的空間及日照，始能襯托出其藝術美。

◆插花藝術

餐廳所擺設的插花裝飾，可分為瓶花與盤花兩種。插花飾品可強化餐廳的溫馨活力及美感氛圍，唯其擺設位置應與周邊環境設施能融為一體，始能具有烘托餐廳美感之作用。因此，室內擺設時應特別注

▲盆景或盆栽可綠化、美化用餐環境

▲盆栽或盆景須有適當空間及日照才能襯托出藝術美

意置放位置及高度，期以發揮最佳視覺美之效果。例如：桌花之高度不宜太大或太高，以免阻隔用餐者的視線；大型插花藝術作品則要擺在較高且醒目的位置，並須與觀賞者保持一定的適當距離，始能展現其整體美。此外，花型與花器須相稱，其色澤與形狀要搭配，否則會影響整體和諧美。

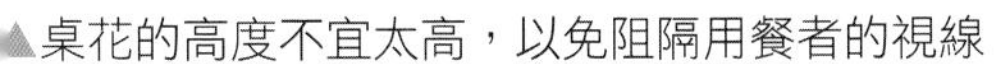

▲桌花的高度不宜太高，以免阻隔用餐者的視線

▲花型與花器形狀要相結合

▲古典西餐廳的燈光照明設計

▲美食餐廳的多燈分散照明與餐桌擺設

(二)西餐廳的裝飾布置

西式餐廳的布置風格，涉及歐美人士的生活習性與文化差異。一般而言，其裝飾重點較講究恬靜、質樸、典雅。由於西餐廳類型、等級不一，僅針對全服務古典美食餐廳的裝飾風格介紹如下：

◆燈光照明

為配合古典美食餐廳溫馨優雅的用餐環境氛圍，讓客人彷彿置身於浪漫藝術空間，品味一場藝術美食饗宴，餐廳的燈光照明可以水晶吊燈、吊燈、壁燈、立燈及腳燈等多燈分散照明的方式，來揉合明暗對比強烈的一般餐廳之照明模式。運用明亮度較低且柔和的黃色光線再搭配桌面上造型典雅的一盞燭台紅色火焰之燭光，來營造顧客心理所渴望的寧靜、優雅、浪漫之氣氛。

◆色彩組合

為營造餐廳用餐情境的氛圍，除了照明外，更需仰賴令人賞心悅目的溫馨色調，如紅、橙、黃、金或棕色等暖色系來搭配呼應。例如：食物在暖色調之光線下，看起來更令人喜愛，也較受顧客歡迎。至於藍、紫或粉紅的食物其吸引力則略遜一籌。此外，綠或灰色調的

▲仿古歐洲皇宮的雕花扶手座椅等餐廳家具擺設

▲仿古歐洲盔甲武器等藝品作為餐廳裝飾品

光線或色彩，會讓人臉色變蒼白，因而易遭人嫌惡。

古典美食餐廳內部裝潢所採用的色調，除了前述暖色系外，在歐洲的古典美食主題餐廳則較偏愛冷色調，如地中海一帶由於經年累月陽光煦陽下，周遭的餐廳較喜愛白色、乳白或藍色調。

◆餐廳家具

古典美食餐廳所採用的餐桌椅，通常是以沙發椅面的扶手椅為多。有些較講究的用餐區是採仿中古歐洲皇宮的雕花扶手座椅，並搭配精工雕花的方桌及長方桌，展現出高雅裝飾藝術之美。

◆裝飾藝品

為彰顯古典美食主題之美，餐廳內部的裝飾品之造型，以宗教、歷史典故及一般動植物為主題居多。例如：女神、法器、武器或騎獸等雕塑品，以及各類油畫或手工藝品。

▲古典西餐廳偏愛白色色調

▲餐廳以花卉、樹枝作為室內裝飾美化

▲餐廳綠化美化的設計風格

▲餐桌擺設所需的花卉外形須柔美，且不可太高，以免妨礙視線及美感

◆綠化美化

歐美人士對於花卉裝飾及插花藝術相當重視，認為花可以使他們的食物更優雅。古羅馬帝國時代，玫瑰花在宮廷宴會上已廣為沿用作為室內裝飾美化用。西餐廳所選用的花材除了常見的玫瑰花、紫羅蘭及鬱金香等花卉外，尚包括樹枝、漿果、葉子及其他花材。

餐廳用餐區餐桌上所選用的花卉，其香味不可太濃郁，以免影響美食風味，花卉的外形須柔美，高度不可妨礙視線為原則。至於餐廳周邊環境可飾以花卉盆栽，並以幾何圖形之對比、對稱來布置排列，形塑和諧、韻律之美。

◀運用室內及室外景觀借景手法來美化餐廳

▲日式料理店常以紙製燈籠吊燈作為全面照明

▲日本和室廂房的建材均以木料原色為主

(三)其他類餐廳的裝飾布置

◆日本料理店

日本料理店的燈光照明通常以日式紙製燈籠吊燈、透光天花板及木質框的四角筒燈，選用色溫度低的光源來作全面照明。至於特定區域則兼採聚光燈來強化照明度。

日本料理店的色調較偏黑、白、黃或藍等日式風格的色彩，室內裝潢建材均以木料為主，色調則採原木色系。內部裝潢飾物大部分

▲日式餐廳壽司櫃檯擺設可彰顯其文化特色

▲泰式料理餐廳內部裝潢及餐桌擺設

▲結合泰式與現代風格的泰國料理餐廳

採日本傳統文化符碼的圖案為主，如日式插花、字畫、盆景或石燈籠等。日本料理店的用餐區除了一般散座外，尚有和室廂房可席地而坐。餐廳壽司櫃檯的布設為日式餐廳藝術美之另類展示品項，益增日式餐廳文化特色。

◆南洋風味餐廳

南洋風味餐廳的裝飾布置，深具南國熱帶地方色彩之民族風。例如：泰式料理餐廳的裝潢設計，較偏愛泰國皇宮或佛寺的裝飾格調，餐廳色調以黃色系列為多；印尼清真餐廳的裝潢設計偏愛高聳空間垂掛色彩繽紛的布幔或彩繪玻璃的天窗造形藝術。

餐廳燈光照明則採吊燈及筒燈來作全面照明，並另以火炬、壁燈或聚光燈來作局部照明，以創造出獨特的氛圍效果。

學習評量

一、解釋名詞

1.對角型排列

2.HID燈

3.色相

4.彩度

5.無形的設計

二、問答題

1.為營造餐廳空間的形式美，使其成為完美的藝術體，你認為餐廳在格局規劃時，該如何來進行較適切？試述之。

2.餐廳用餐區桌椅擺設型態可分為幾種？其中以哪一種較節省空間且能提高座位量？

3.現代餐廳人工照明所採用的各種光源中，以哪一種較廣為採用於酒吧及夜總會之燈光美學設計使用？並請說明其原因。

4.為形塑餐廳主題藝術作品的特色如冰雕，請問你會採用哪一燈具來作為照明？為什麼？

5.所謂「色彩的三屬性」，是指何者而言？

6.如果你是餐廳主廚，請問你將會運用何種有效措施或作法來創造菜餚的色澤美呢？試述己見。

7.為營造餐廳獨特的藝術美學風格，你認為餐廳在裝潢設計時，應堅守哪些原則？試列舉其要。

CHAPTER
4

餐廳餐桌布置與擺設藝術

單元學習目標

- 瞭解中餐餐桌擺設的型態
- 瞭解中餐餐桌擺設的要領
- 瞭解西餐餐桌布設的基本型態
- 瞭解餐巾摺疊的款式及用途
- 培養中西餐桌擺設藝術之鑑賞及創作力
- 培養餐巾摺疊藝術能力
- 培養餐飲服務美學的鑑賞力

為營造餐廳獨特的餐飲文化及時尚美學的藝術風格，應特別加強餐廳外場實體服務環境的空間規劃及裝潢設計。為求餐廳用餐環境的高雅、舒適，在格局規劃及空間設計時，須以餐廳餐桌椅之擺設與布置為主要考量，其餘家具及裝飾則作為襯托搭配，以營造餐廳美學之時尚風格，進而滿足消費者追求情趣美、視覺美及意境美之需求。由於中西餐的餐食內容不同，所需餐具互異，因此餐桌擺設方式也不盡相同。本章將分別就中西餐的餐桌擺設方式及口布摺疊藝術來加以介紹。

第一節　中餐餐桌布置擺設美學

客人前往餐廳用餐的動機與目的不一，有些是為了美食果腹，有些則因社交應酬或宴請賓客，由於每位顧客的需求不同，其用餐場地之布置與餐桌布設要求也互異，唯基本原則都是以菜單內容、用餐服務方式與場合來作為餐桌擺設的依據，並以提供客人安全衛生、舒適便利之服務為考量。

一、中餐餐桌擺設的型態

中餐餐桌擺設（Table Setting）主要可分為：中餐小吃、中餐宴會及貴賓廳房等三種，說明如下：

(一)中餐小吃餐具擺設

中餐小吃所需的餐具主要有骨盤、味碟、口湯碗、湯匙、筷子、茶杯及餐巾紙等器皿。中餐小吃的餐具較少，其擺設方式以整潔美觀、方便實用為原則，通常餐桌之餐具擺設以一至四人份為多。

▲中餐宴會餐具擺設

▲中餐貴賓廳房餐具擺設

(二)中餐宴會餐具擺設

中餐宴會為較正式的社交應酬場合，因此其所使用的餐具無論在質或量等各方面，均較中餐小吃的餐具多且質優。通常中餐宴會所需擺設的餐具，每桌約十至十二人份為多。中餐宴會餐具擺設原則，除了重視美觀實用外，尚須注重整體美與和諧感。

(三)貴賓廳房餐具擺設

貴賓廳房屬私人小型宴會之場所，因此餐桌布設所需餐具也最講究，無論餐具的質與量均較一般宴會精緻且量多、種類雜。由於私人宴客場所並不一定十分正式，其擺設方式往往須根據客人需求而定。

二、中餐餐桌擺設應遵循的原則

中餐餐桌擺設方式雖然每家餐廳並不盡相同，但各家餐廳的標準作業規範其內部擺設方式應力求一致性的服務品質。此外，尚須恪遵下列原則：

▲中餐餐具擺設通常以骨盤或展示盤來定位

(一)位序主從原則

1.餐桌擺設前須先確認餐桌穩定度安全無虞後，始可準備進行鋪設。

2.餐具擺設的先後順序，須先放置骨盤（Bone Plate）或展示盤（Show Plate）來定位，骨盤距桌緣約二指幅寬（約3～4公分）。其次依序放置味碟、湯碗、湯匙、筷子、茶杯、餐巾紙及其他備品，最後再將椅子定位，使椅面前緣靠齊桌布下垂處即可。

3.杯皿擺設須由左往右，由大而小來擺設，如依「水杯→紅酒杯→小酒杯」之大小順序右斜方式擺放。

(二)對稱等距原則

為確保餐桌面的整潔及線條的一致性，餐具與餐具間的間距須等距，約1～2指幅寬，並將餐具左右、上下對稱排列，建構完美的比例美感。

(三)美觀實用原則

餐桌所需擺設的餐具種類、數量不少，但不一定要同時擺放桌面上。例如：正式宴會或貴賓廳房的湯碗是在服務湯羹菜時才擺上桌。此外，所有桌面上的餐具之花色、規格尺寸，均須同款式，力求美觀。

三、常見的中餐擺設類型欣賞

▲西餐餐具擺設樣式

▲西餐餐具左右兩側餐具以不超過三件為原則

第二節　西餐餐桌布置擺設美學

現代化的餐廳，除了重視餐廳內部裝潢、格局規劃，以及外部造型設計外，對於餐廳餐桌擺設也相當講究，藉以增添餐廳柔美氣氛，使客人步入餐廳即能產生良好的第一印象。

西餐餐桌擺設方式，往往因地而異，不過其基本原則均一樣，係根據菜單餐食內容、餐廳服務方式與場合來做適當調整，以提供客人溫馨、舒適的完美用餐體驗。茲分別就餐桌擺設的基本原則、餐桌擺設形式及作業要領臚陳於後：

一、西餐餐桌擺設的基本原則

西餐餐具種類繁多，每種餐具均有特定用途，因此餐桌擺設之前，務必依據菜單內容來準備所需餐具，再依傳統規範及餐廳制式規定來擺設餐具。有關餐桌擺設的基本原則分述如下：

1.先以餐盤、餐巾或椅子作為定位工具，每套餐具（Cover）擺

▲餐具擺設須力求一致性及整體和諧美

設至少須45公分寬、40公分深的空間，以便客人有適當的用餐空間。

2.餐具擺設以主餐盤（Dinner Plate）或展示盤（Show Plate）為中心，並以左叉右刀匙，點心餐具擺餐盤上方為原則。餐具與餐具之間距須等距，約1公分；餐盤距桌緣約2～3公分。

3.左右餐具先外後內，點心餐具先內後外。係指餐具擺放順序須依菜單上菜順序，就所需之餐具來擺設。客人會先使用的第一道菜，其餐具應擺在最外側。

4.左右兩側餐具，每側餐具數量以不超過三件為原則，以免影響桌面美觀。

5.杯皿擺設以左上右斜，由大而小順序排列。水杯須置放在大餐刀正上方約1公分之距離，右斜下方再依大小順序擺放其他各式酒杯。

6.餐具擺設須力求對稱、均衡，以呈現整體和諧美。此外，同桌餐具之材質、款式、花色或色調，均須具一致性，期以彰顯餐廳的格調。

二、西餐餐桌擺設的主要型態

西餐餐桌擺設的基本型態主要有三種：基本餐桌擺設、單點餐桌擺設及套餐餐桌擺設等。至於一般常見的早餐餐桌擺設、特殊菜單餐桌擺設，乃屬於上述基本型與單點擺設之應用。

基本餐桌擺設

所需擺設餐具項目	擺設步驟及要領
1.餐巾 2.餐刀 3.餐叉 4.水杯	1.首先檢查餐桌穩定度。 2.以餐巾定位，將餐巾置於座位正中央，距桌緣約2公分。 3.將餐刀置於餐巾右側約1公分處，刀刃朝左，柄端距桌緣約2公分距離。 4.將餐叉置於餐巾左側約1公分處，叉齒尖朝上，柄端距桌緣約2公分距離。 5.最後將水杯置於餐刀正上方約2公分處。杯腳與餐刀刀尖對齊成直線。

一般單點餐桌擺設

所需擺設餐具項目	擺設步驟及要領
1.餐盤 2.餐巾 3.餐刀 4.餐叉 5.麵包盤 6.奶油刀 7.水杯（或紅酒杯）	1.檢查餐桌穩定度。 2.餐盤置於座位正中央定位，盤緣距桌緣約2公分。 3.餐巾置於餐盤正中央，餐巾開口朝客座。 4.餐刀置於餐盤右側約1公分處，刀刃朝左，柄端距桌緣約2公分距離。 5.餐叉置於餐盤左側約1公分處，叉齒尖朝上，柄端距桌緣約2公分距離。 6.麵包盤置於餐叉左側約1公分處，麵包盤中心線與餐盤中心線正好成一直線。若將麵包盤邊緣與餐盤邊緣對齊成直線也可以。 7.奶油刀置於麵包盤上，距右側盤緣約1公分距離，奶油刀刀刃朝麵包盤內側。 8.水杯置於餐刀正上方，杯座距刀尖約2公分距離。 9.法式餐桌擺設時，係將酒杯置於餐刀正上方，通常並不事先擺水杯，其餘擺設要領均一樣。

套餐餐桌擺設（不含前菜）

所需擺設餐具項目	擺設步驟及要領
1.餐盤 2.餐巾 3.餐刀 4.餐匙 5.餐叉 6.沙拉叉 7.麵包盤 8.奶油刀 9.點心叉 10.點心匙 11.水杯 12.酒杯	1.檢查餐桌穩定度。 2.餐盤或展示盤定位，標幟朝客座。 3.餐巾置於餐盤或展示盤正中央。 4.餐刀置於餐盤右側，要領同前。 5.餐匙置於餐刀右側約1公分間距，正面朝上，柄端距桌緣約2公分。 6.餐叉置於餐盤左側約1公分間距，叉齒朝上，柄端距桌緣約2公分。 7.沙拉叉置於餐叉左側，約1公分間距，叉齒朝上，柄端距桌緣約2公分。 8.麵包盤置於沙拉叉左側，約1公分間距，麵包盤中心線與餐盤中心線，正好成一直線。若將麵包盤與餐盤邊緣對齊成直線也可以，唯須統一規定。 9.奶油刀置於麵包盤上，要領同前。 10.點心叉置於餐盤正上方約1公分間距，叉齒朝上，柄端朝左；甜點匙置於點心叉上方，匙柄朝右。 11.水杯置於餐刀正上方，杯座距刀尖約2公分間距。 12.酒杯置於水杯右下方約45度，距水杯約1公分間距。若尚有其他酒杯則以右斜方式直線放置，以「左大右小」、「左上右斜」方式放置，以整齊統一為原則。

備註：1.以上擺設係以不含前菜之套餐餐桌擺設步驟。如果另加前菜則須再增列小餐刀與小餐叉。此外若甜點為水果，則要將點心匙更換為小刀，刀柄朝右。
2.展示盤、服務盤或秀餐盤均指Show Plate。

第三節　餐巾摺疊藝術

餐巾係放在餐桌上供客人使用，對於餐廳實體服務環境及餐桌布設具有美化的功能，能增進餐廳進餐氣氛，並使整個宴會場景更加生動活潑、光鮮亮麗。

餐巾的材質有布質與紙質兩種，在較正式的用餐場合大部分是以布質餐巾為多。至於餐巾的摺疊方法相當多，但最重要的是端視餐廳本身營運性質，以及可供用來摺疊餐巾的作業時間而定。

一、餐巾美學文化

餐巾俗稱「口布」，又稱席巾、茶巾、茶布等，英文稱為Napkin、Serviette。清朝皇帝用膳所用的餐巾則稱之為「懷擋」，質地非常考究，繡工精細，花紋多采多姿，有各種福祿壽喜等吉祥圖案。此餐巾用法與目前使用方式不大一樣，它係將餐巾上角的扣套，套在衣扣上，作為保潔防止弄髒衣襟之用，可見餐巾在我國已有相當的歷史。

至於國外餐巾最早在羅馬時代曾被使用，是繫在脖子下，作為進餐取食擦拭手指用。到了16世紀，餐巾才正式在餐廳出現，不過其主要目的，係為了防止弄髒當時流行的廣邊、漿硬的大衣領，因此以餐巾繫在脖子，以防用餐汙損衣領。餐廳外場負責人，則將餐巾披掛在左肩上，以象徵其職別，此做法極類似我國古代餐廳店小二，習慣性將餐巾披在肩上一樣。

餐巾在當時皇室也被用來包裹刀、叉，再放置在金質的船形容器上，供皇室權貴進餐使用，後來才在法國逐漸發展出系列的精巧餐巾摺疊，或飾以扣環並且在其上面灑些香水增添情趣。

▲飾以扣環的餐巾擺設

▲盤花

▲盤花

二、餐巾摺疊的類型

目前餐廳常見的餐巾摺疊款式很多，但基本上若依造型而分，可分為盤花與杯花兩大類。若就其用途而言，可分為顧客用、觀賞用及服勤用三大類。茲介紹如下：

(一)依餐巾造型而分

◆盤花

所謂「盤花」另稱「無杯花」，是指經由專業手法摺疊完成的餐巾，不必再借助其他杯皿或器具，即可直接置放餐桌或餐盤上來擺設美化。例如：星光燦爛、立扇、三明治、法國摺及濟公帽等均是。

◆杯花

所謂「杯花」，係指將餐巾經由專業化摺疊技巧完成，再將摺疊好的餐巾置入玻璃杯者。常見的杯花款式有蠟燭、扇子、玫瑰、蘭花及花蕾等均是。

▲杯花——扇子造型

▲杯花——玫瑰造型

(二)依餐巾用途而分

◆客用餐巾

客用餐巾是專供餐桌擺設美化並提供顧客餐中使用，因此其造型以美觀大方、摺疊力求簡單方便為原則。例如：濟公帽、帳棚、法國摺（French Fold）、自助餐刀叉口袋及土地公等。

▲濟公帽

▲造型美觀，摺疊簡單方便，具創意的餐巾、餐具擺設

▲星光燦爛款式

▲裝飾型口布增添浪漫美感

◆**觀賞用餐巾**

此類款式餐巾摺法是以營造餐廳浪漫藝術美感氛圍為主，客用為輔的式樣。例如：花蝴蝶、星光燦爛、燭光及裝飾型餐巾等均是。

◆**服勤用**

此類餐巾款式是專供餐飲服務人員在餐廳服勤作業使用，其造型力求實用簡單、方便為原則。例如：服務臂巾、麵包籃口布。

▲服務臂巾

▲麵包籃口布摺疊款式

三、餐巾摺疊審美原則

餐廳所採用的餐巾摺疊款式五花八門，但站在審美觀之立場，任何餐巾摺疊方式均須符合下列審美原則，始能增添餐廳服務場景之氣氛，形塑雅緻餐飲文化特色。

▲口布要保持乾淨衛生原則

(一)乾淨衛生原則

1.餐巾摺疊好放在餐桌除了美觀裝飾外，最主要的目的是供客人進餐時使用，因此要力求清潔衛生，此乃餐巾摺疊最重要的原則。

2.餐巾摺疊之前，務必要先將桌面清理乾淨，並將雙手洗滌乾淨，以免汙染餐巾。

3.餐巾摺疊儘量以手刀，避免用手掌來壓線，以免汙染。

4.餐巾若有汙損或破損，須報廢不可再使用。

(二)簡單方便原則

1.餐巾摺疊之款式，最好簡單高雅方便。因為在摺疊處理時，款式愈簡單，手部接觸次數將愈少，也較符合衛生原則。

2.餐廳服務前的準備工作很多，時間又有限，如果餐巾摺疊款式太複雜，可能會造成時間上之浪費，不符合經濟效益。

3.餐巾要便於顧客拆卸使用，若摺疊過於複雜，客人拆解會造成不便，同時摺紋太多不但欠美觀、衛生，顧客使用上也不方便。

▲餐巾顏色力求高雅亮麗，以素色為原則

(三)美觀高雅原則

1.餐巾之質料要柔軟、吸水，避免使用尼龍人造纖維（TC）之布料。最好為純棉布料縫製。

2.餐巾之顏色以高雅亮麗、素色為原則，唯須考量餐廳整體之布置，力求和諧及氣氛之營造。

3.餐巾摺疊時，須選擇避免縫製之邊緣暴露在外的款式，才會更美觀高雅。

(四)統整和諧原則

餐廳所使用之餐巾色調、摺疊方式，務必考量一致性之統整原則，亦即同一進餐室所使用之餐巾要力求一致性，避免同一餐室有各種不同款式或色調之餐巾擺設。

四、餐巾摺疊DIY體驗

餐巾摺疊的方法不勝枚舉，唯其基本樣式，不外乎長方形、正方形及三角形等三種款式的變化。僅列舉常見的餐巾摺疊款式供各位親自動手體驗。

蠟燭／燭光

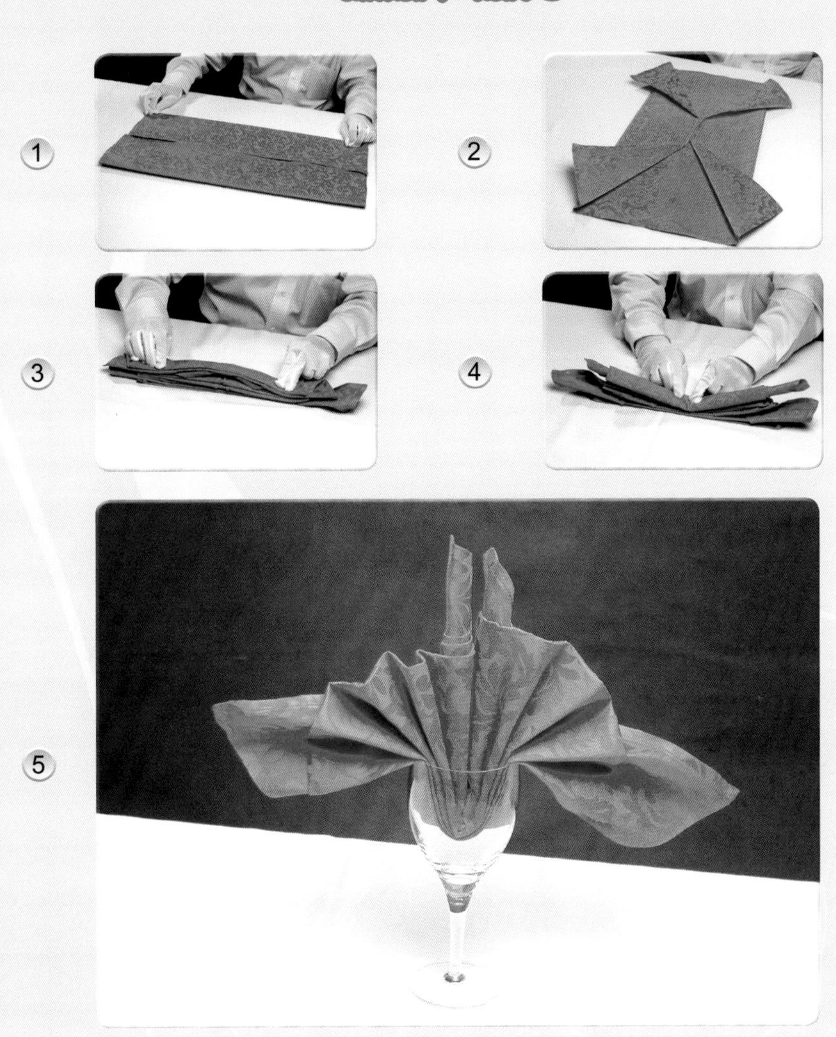

1 口布上下兩邊，各向中央線對摺。

2 對摺後，向外側翻出四個角。

3 一側摺段摺成扇形。

4 另一側用捲的方式，捲成柱狀。

5 取中心點，兩邊對彎再放入杯中即完成。

酒店型／自助餐型／刀叉口袋

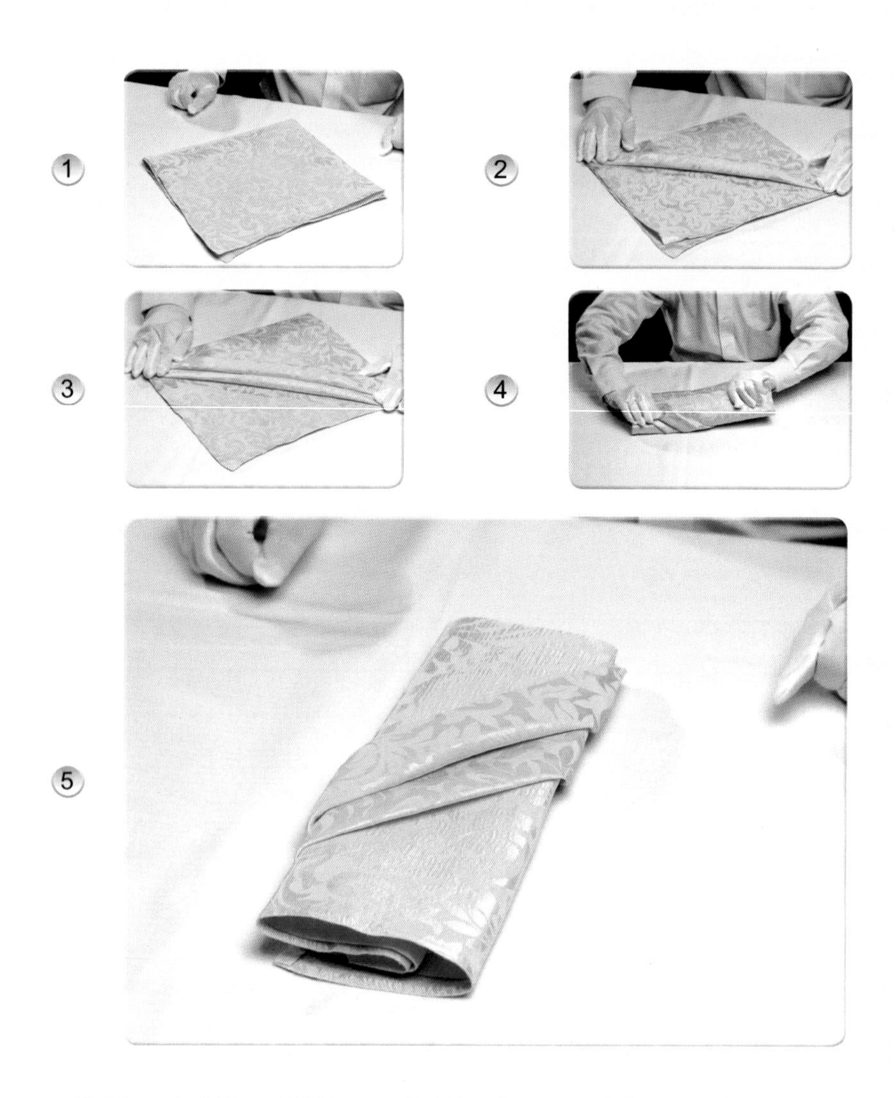

① 將口布對摺再對摺，四摺開口朝上，以菱形方式平放桌面。

② 將開口摺片最上層的第一片，向下捲摺至對角線上。

③ 第二片向下摺入第一片之後面，露出部分的寬度與捲摺同寬。

④ 將對角兩側向後各摺入四分之一寬長。

⑤ 將摺痕修整壓平即完成。

星光燦爛

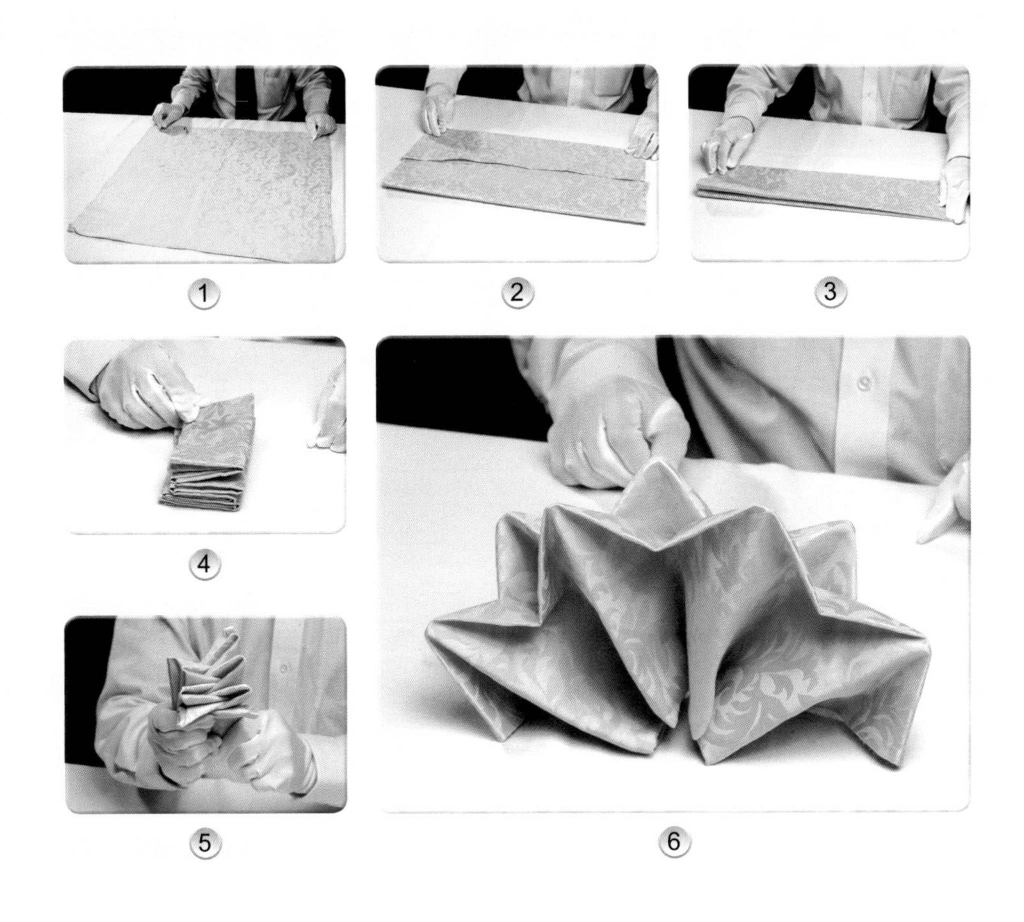

① 將口布反面朝上，平放桌面。

② 將口布上下各取四分之一長向中間線內摺成長方形。

③ 再將此長方形上下對摺，成為四分之一寬的長條形。

④ 取八分之一摺寬，由一端朝另一端摺段摺成扇形。

⑤ 一隻手握緊扇形三分之二處，另一隻手將兩側邊角及內角往外拉出並摺成三角形狀。

⑥ 捏緊修整後，展開此扇形即完成。

帳棚／三明治

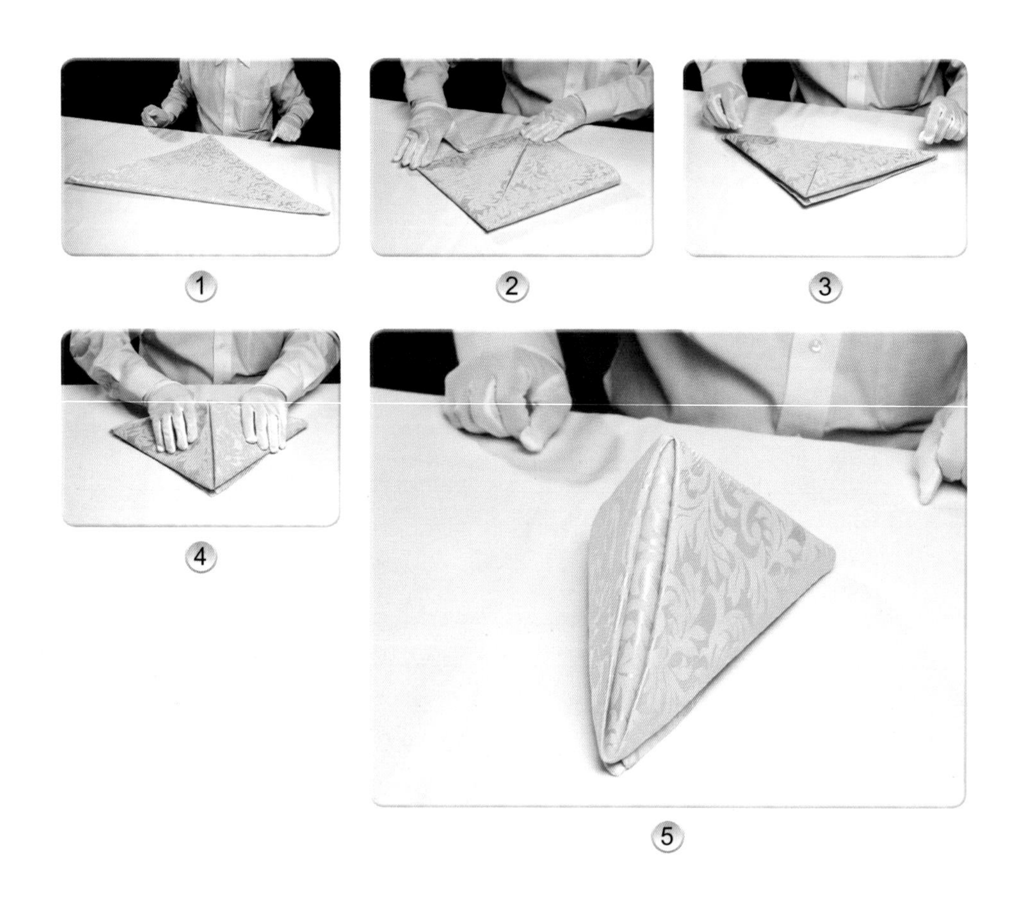

① 將口布對摺成三角形，頂角朝下。

② 以斜邊中央位置為中心點，將左、右兩邊角往頂角處內摺，使口布成為菱形。

③ 將菱形對角線下半部口布，往後翻摺成三角形。

④ 再將三角形，以頂點及斜邊中心點之摺縫為軸，將左右二邊朝後摺入。

⑤ 捏緊修整後，展開即完成。

第四節　餐廳服務美學

餐廳所提供給顧客的服務產品是一種由有形產品與無形產品依一定的比例搭配而成的組合性商品。因此，餐廳所提供給顧客的服務，除了精緻餐飲美食及高雅餐廳環境設施設備外，尚有無形的餐飲進餐氛圍及顧客體驗。易言之，所謂「餐廳服務美學」是指此有形與無形的產品組合所建構的統整和諧之藝術美而言。本單元僅針對無形產品服務之美來加以介紹。為形塑餐廳服務之美，務必自下列二方面來著手：

一、加強餐廳基本服務禮儀

基本服務禮儀是指餐廳服務人員在職場工作上班期間的服裝、儀容、言行舉止及應對進退等禮貌或態度而言。如果餐飲服務人員在工作場合與客人互動時，能穿著整潔亮麗的制服，以美好的肢體語言及親切熱忱的態度服務客人，深信將會帶給客人一種溫馨愉悅之感，進而留下難以忘懷的良好第一印象。反之，若餐廳服務人員服儀不整、舉止欠端莊，或是以一種粗魯的動作，愛理不理的冷漠態度對待客人，此時，即便餐廳建築裝潢再高雅華麗、餐飲美食再精緻，凡此有形產品服務均無法彌補那無形產品服務所造成的損傷與負面衝擊，更遑論餐廳服務之美了。

▲餐飲服務人員服儀要端莊，態度親切熱忱，並能注意禮貌微笑

▲餐廳贈送小朋友壽星的小蛋糕

▲母親節、情人節等節慶小禮物

二、提供高品質的優質服務

所謂「高品質的優質服務」，是指餐廳服務人員所提供給顧客的服務，不僅能滿足其所需，更超越其原先的期望而能享有最美的難忘體驗。餐飲業若想創造顧客美好的體驗，從而建構餐廳服務美學，務須自下列幾方面來努力：

(一)標準化

餐飲業所提供給顧客的產品服務，須具一致性的水準。無論任何時間、地點，由餐廳不同的人員所提供的產品服務品質均具同樣的水準，不會因時空或人的不同而有差異，此即產品服務之標準化及一致性水準的服務。

(二)個別化

個別化是指針對顧客的特殊需求或個別差異，主動提供顧客所需的貼心服務。例如：針對年長者口感的軟硬度來主動調整服務內容，或針對顧客特殊飲食習慣來調整菜餚品項等。此外，也可針對顧客用餐目的來提供特別的服務，如節慶、生日宴可贈送貼心應景小禮物或播放「生日快樂歌」等均屬之。

(三)專業化

專業化是指餐廳所有的服務人員均具一定水準的專業知能，能提供一站到位的專精純熟的服務。例如：餐廳服務人員均能清楚瞭解餐廳產品內容，並能察言觀色，不待客人開口，即主動適時提供其所需的產品服務。例如：發現顧客掉落餐具，即適時為客人撿拾並另補充一份新餐具。

(四)效率化

所謂「效率化」，是指針對顧客所需的服務能提供及時或全方位的服務，以節省顧客等候時間。易言之，餐飲服務應力求有效率的節奏感，避免讓顧客無謂的等候。

綜上所述，餐廳服務美學是由餐廳服務禮儀及高品質優質服務所建構而成，它是一種以創造顧客滿意度為導向的服務哲學。

▲餐飲服務力求有效率的節奏感

學習評量

一、解釋名詞

1.Bone Plate

2.Table Setting

3.Napkin

4.Show Plate

5.Cover

二、問答題

1.中餐餐桌擺設的型態通常可分為哪幾種？試列舉之。

2.中餐餐桌擺設應遵循的原則有哪些？試述之。

3.餐桌擺設所使用的定位工具有哪些，你認為哪一種較方便且實用？為什麼？

4.為求餐桌桌面之美觀，請針對餐具擺設之數量及杯皿擺設要領來加以說明。

5.餐巾摺疊的款式，若依其造型而分，可分為哪幾種？試述之。

6.餐巾摺疊的審美原則有哪些？請摘述之。

7.如果你是餐廳服務評鑑專家，請問你將會依何種標準來評鑑餐廳服務美學呢？試述己見。

Notes

Food
CHAPTER
5

& Beverage Aesthetics

時尚廚藝美學

單元學習目標

- 瞭解中西餐菜餚命名的藝術美
- 瞭解中餐烹調藝術美學
- 瞭解西餐烹調藝術美學
- 瞭解菜餚盤飾藝術之創作技巧
- 瞭解冰雕藝術及創作技巧
- 培養時尚廚藝美學之欣賞能力

現代社會人們的生活品質日益提升，對飲食的需求已從昔日但求生理上溫飽的量，轉為追求心靈上質的享受。為強化台灣美食文化在國際上品牌形象與競爭力，餐飲業界也逐漸正視時尚廚藝美學，讓美食不再僅是「色、香、味」的舊思維，而是再注入地方文化特色及藝術美學的新元素，使美食文化不僅能滿足顧客色香味的感官享受，更能獲得心靈上難以忘懷的餐飲藝術美學體驗。

第一節　菜餚命名藝術

中國菜之所以風靡於全球五大洲，執世界烹調美食之牛耳，其原因無他，主要在於中華美食除了講究菜餚的質感外，更重視菜餚的意涵及歷史典故之文化傳承。因此，在菜餚的命名上常冠以具有文化美學之名稱，讓人從名稱到食物本身均能體會到中華美食之精湛意境。本單元將針對中西餐之菜餚命名藝術來加以介紹。

一、西餐菜餚的命名

西餐菜餚的命名方式大部分是依食材原料、烹調法、地名、調味料或形狀等來作為該菜餚命名的依據。

▲西餐菜餚命名方式大多依食材、烹調法、調味料或形狀等來命名

▲德國豬腳

▲牛角麵包

(一)採食材原料命名

此類菜餚常見者有：牛尾清湯（Oxtail Soup）、洋蔥湯、魚子醬（Caviar）、燕麥粥、火雞派、牛排、羊排或香腸火腿等。

(二)採烹調法命名

此類菜餚的命名方式最多，如炸雞、爐烤牛肉（Roast Beef）、煎蛋、水煮蛋、煎牛排、醃燻火腿或鯷魚等。

(三)採地名命名

此類命名方式不少，如德國豬腳、義大利麵、匈牙利牛肉湯、西班牙海鮮飯（Paella）、曼哈頓蛤蜊巧達湯及紐約牛排等均屬之。

(四)採調味料命名

此類命名方式是以食材所使用的主要調味料名稱來命名，如咖哩雞、糖醋豬肉、韃靼牛排等。

(五)採食材形狀命名

此類命名方式常見者有：千層派、牛角麵包、圓麵包、丁骨牛排或鳳梨炒飯等。

◀凱撒沙拉

(六)採菜餚色澤命名

此類命名方式是以食材顏色來命名，如黑咖啡、白咖啡、紅黑魚子醬及粉紅佳人（Pink Lady）等均屬之。

(七)採人名來命名

此類命名方式較少，如凱撒沙拉、血腥瑪麗等。

(八)採意義來命名

如義式濃咖啡之外文為：Espresso，其意思原為「特地為你快速做的」（made expressly for you）。

二、中餐菜餚的命名

中餐菜餚的命名方式，除了前述以食材產地、材料名稱、顏色、形狀、調味、烹調方式、人名及意義等命名方式外，尚有以裝盛器皿如砂鍋魚頭；吉祥用語如花好月圓、龍鳳火腿、麒麟蒸魚，以及歷史典故等文學意涵來命名。

(一)中餐菜餚命名方式

中國菜餚命名的原則是採反映原料、烹調法、風格特色之命名法，既寫實又富寓意之藝術美，茲說明如**表5-1**所示。

表5-1　中餐菜餚命名方式

命名方式	中餐菜餚
人名	東坡肉、宮保雞丁、左宗棠雞、西施舌、麻婆豆腐、畏公豆腐、宋嫂魚羹、玉麟香腰
地名	北平烤鴨、西湖醋魚、無錫排骨、萬巒豬腳、紹興醉雞
材料	腰果雞丁、紅蟳米糕、干貝蘿蔔球、蝦仁鍋巴、龍井蝦仁、蒜茸蒸蝦
形狀	口袋豆腐、珍珠丸子、雀巢牛柳、合菜戴帽、鳳還巢
顏色	五彩蝦仁、三色蛋、雪花雞、四色湘蔬、炒四色
調味料	糖醋黃魚、蜜汁火腿、魚香肉絲、蒜泥白肉、鹽酥蝦、椒鹽排骨
烹飪方法	油爆雙脆、清蒸鮒魚、乾燒明蝦、煙燻鯧魚、乾煸四季豆
裝盛器皿	竹筒蝦、砂鍋魚頭
吉祥用語	花好月圓、金玉滿堂、龍鳳串翅、步步高升、魚躍龍門
意義諧音	佛跳牆、夫妻肺片、紅棗蓮子湯、元寶

▲川菜夫妻肺片取意義諧音的命名方式

(二)中國名菜的典故

中國菜的命名，用詞典雅，含義雋永深遠，富美學與文學之情趣，為科學與藝術的結晶，這些名菜典故令人無限遐思，回味無窮。茲列舉數則介紹如後：

◆口袋豆腐

屬於川菜，為一種「釀豆腐」，因其外形酷似上衣口袋，故以其形狀來命名。此外，尚有孔雀開屏，也是以形狀命名之佳餚，至於此菜餚為何物並未提及，而人們也不在意。此為一種工藝菜。

◆宮保雞丁

屬於川菜，清朝四川總督丁寶楨（被封為太子少保，別稱宮保），因酷嗜以曬乾的紅辣椒切段與花椒做配料炒雞丁，故以其人名命名，此美食已成為川菜之代表。

◆滿漢全席

滿漢全席為清代乾隆年間皇室重大慶典之國宴，分為滿席六等、漢席三等，其菜餚乃結合滿族與漢族菜色之大成，用料華貴，烹飪精巧，儀典隆重。其菜餚均循古法烹調，以大小八珍及熱鬧莊重場面和氣氛著稱。

◆麻婆豆腐

屬於川菜，為四川成都市北門外有位婦人陳麻婆其所烹調之豆腐，極具辛辣且味美，為紀念她而命名。

◆佛跳牆

屬於福建菜，或稱閩菜之首，此道菜用料講究，計有魚翅、鮑魚、豬肚、海參、干貝等主料及配料，香氣撲鼻味鮮美，有位文人雅士乃即興吟詩：「罈啟葷香飄四鄰，佛聞棄禪跳牆來」，後人乃將此菜定名為「佛跳牆」。

▲宮保雞丁

▲佛跳牆

◆叫化雞

此道菜為江浙菜。據說當年有位叫化子，偷了人家一隻雞，但卻窮到連煮的地方都沒有，乃急中生智，將雞開膛，連帶毛以爛泥包起來，放在火上烤，熟後剝開，清香撲鼻，風味奇佳，因而得名。由於此名稱不雅，新加坡將其做法稍加修改，並更名為富貴雞。

◆宋嫂魚羹

相傳宋高宗趙構，有一次前往巡遊西湖，剛好巧遇一位宋五嫂的婦人在賣一種由鮭魚、火腿、筍肉、香菇及蛋黃等食材所烹調之味，似蟹羹亮黃色之魚羹，乃命其上船，宋高宗吃了之後十分激賞，因而成為今日杭州傳統名菜。

(三)中餐菜餚命名的特性

中國菜命名極富文學藝術美學之內涵，並兼具寫實與寓意，除具藝術性、科學性外，更富民族性，說明如下：

◆藝術性

中國菜的菜名用字典雅精鍊含義雋永，平均約3～5字且有押韻、富文學美學之風格，如三陽開泰、蘭花鴿蛋、金玉滿堂及鯉魚躍龍門等。

▲麒麟蒸魚象徵祥瑞、富貴

◆科學性

中國菜命名方法客觀，依事實、特性來命名。如三色蛋、乾燒明蝦等菜餚之命名。

◆民族性

古今中餐佳餚中，國人通常喜歡以龍、鳳、麒麟及鯉魚等來象徵高貴、美好、祥瑞、祝福。因此常加以運用於菜餚名稱當中，如麒麟蒸魚、龍鳳火腿、鳳翅海參等。

◆地區性

中國八大菜系，其菜餚之命名並不盡相同，各具地方特色，如北平菜、江浙菜、四川菜或福建菜等命名均不一。

◆靈活性

中國菜在菜單上的命名，常常會依據宴席目的、性質等場合之不同，而有不一樣的命名方式。

◆多樣性

中國菜命名方式，會依據原料食材、烹調法、風味、造型、人名或地名等來命名。

第二節　菜餚烹調藝術

餐飲美學無論中西餐，均以「色、香、味」作為菜餚烹調藝術美學的審美要素。唯中餐烹調藝術除了講究色香味外，尚兼顧「形、器、滋、養」，並以「味」為核心，以「養」為終極目的。因此，所有烹調廚藝均是以彰顯味的核心價值而陸續展開，透過「色、香、形、器」來滿足視覺、嗅覺之享受，刺激胃口之食慾，並展現美食烹調藝術之功。本單元將分別就中餐與西餐烹調藝術來加以探討。

一、中餐烹調藝術

中餐烹調藝術重視「色、香、味、形、器」之五美，更強調養生保健與食療。為達上述烹調藝術之目標，自精選原料、講究刀工、重視火候、追求風味，一直到盤飾組合成菜，均有整套廚藝作業規範。

(一)精選原料

中餐烹調所需的食材原料，可分為主料、配料及調味料三大類。中餐所應用的食材類別繁多，如海鮮類、禽肉類、獸肉類、蔬果類、乾貨及加工食品類、蛋類、素料類及各式調味料、辛香料等。由於同一原料若產地、季節或加工方式不同，其材質也有優劣之別。因此，中餐在選料時，極重視食材之特性、季節及產地來源，除了生猛海鮮，並以當季當地食材原料為上選。唯有優質的食材原料相互搭配得宜，始能烹調出養生美味的佳餚。

▲食材選擇以當季、當地且有產銷履歷認證者為佳

(二)處理原料

1.清洗食材程序，原則上先由低汙染性食材開始，再洗滌高汙染性食材，以免交互汙染。例如：先自乾貨、加工類食材、蔬果、肉類、蛋類，最後為海鮮魚貝類。

2.一般食材原料洗滌後，尚須初步處理，如去皮、抽筋、脫骨、漲發、上漿、醃漬、掛糊及拍粉等，端視食材特性及烹調需求而定。有些食材尚須先經過初步熱處理，如焯水、過油，以達去腥、軟化或定型用。

(三)講究刀工

食材的厚薄、大小及形狀會影響美感及口感，這涉及砧板廚師手藝刀工技巧。刀工是廚師切割食材原料的各種操作方法，也是最基本的烹調技藝之一。若以食材外形來分，切割方法可分為下列幾種：

◆塊

長寬各約1公分以上，通常塊狀可分為下列三種：

1.四方塊：先切厚片，再改切成粗條，最後再切成四方塊。

2.菱形塊：先切厚片，再改切成粗條，最後改刀斜切成菱形塊。

3.滾刀塊：採一手握住食材，一邊旋轉一邊以另一手持刀斜切塊，如小黃瓜邊轉動，邊斜切塊的方式。

◆片

將食材原料先切大塊，再依食材的特性及菜餚需求來決定切成薄片或厚片。片可分為四方薄片及菱形片二種，薄片約0.5～0.6，厚片約0.8～1公分。

◆條

將食材原料先切大塊，再切厚片，最後再切成條狀，其粗細大小約0.5～1公分，長約2.5～7公分。

▲四方塊　▲菱形塊　▲滾刀塊

▲段　▲末　▲切花

◆絲

將食材原料先切大塊，再切薄片，然後再切成絲狀，寬約0.5公分，長約2.5～7公分。

◆段

將食材原料先直接切成條，再切為段，其長度約為4～5公分。

◆丁

丁的切割方法類似「塊」，唯其長寬約0.5～1公分。先將食材原料先切為0.5～1公分的片狀，再切成條，然後再切成丁，如白果炒肉丁。

◆粒

將食材先切成細絲，再切為成粒狀。粒比丁小一點，宛如綠豆或米粒大小。

◆**末**

將食材原料先切成極細絲，再切成末。末較粒更小，如肉末，芥末。

◆**泥**

將食材原料切成末，然後再剁成泥狀，另稱為「茸」，如蒜茸或芋泥。

◆**切花**

為增加菜餚食材的美觀，有時會將材料先切成花樣後再烹調，較易熟且入味。切花的要領為：每一刀須切到材料1/2～2/3厚度深，唯不可切斷食材，其間距須等距，但勿太寬，以免花樣不明顯，如花枝或豬腰子的切花。切花可採直切或斜切方式，切成菱形狀或四方狀。

(四)講究配菜

配菜是菜餚食材原料的組合，可分主料與配料二類，主料與配料之分量，須有主從之分；配料形狀也須搭配主料的形狀，以建構整體和諧美感，以免造成喧賓奪主。此外，尚須注意顏色、營養、口感之規律與節奏感，始能彰顯一道菜的價值與美感。易言之，配菜除了講究主、副食材分量合理搭配外，更要兼顧色、香、味、形、器之搭配。例如：清蒸黃魚應以黃魚為主，其他配菜為輔，並以大橢圓盤來裝盛。

(五)講究火候

中餐極重視火候，菜餚成敗關鍵主要在火候之掌控，中餐火候蓋可分為大火（武火、旺火、衝火）、中火（文武火）、小火（文火、溫火），以及慢火（微火）四種，其中以大火較常見於中式餐廳之炒、爆、溜，至於慢火則用於長時間的燉、燜及煨。

▲中餐菜餚講究火候

▲中餐菜餚盤飾須相互搭配，以形塑藝術與立體美

(六)追求風味

中餐烹調除了重視烹煮技巧，如蒸、煮、炒、爆、燒、烤、煎、燉、滷、燴、燻、煨、溜、燜及拌等外，更講究調味。中餐調味的基本味計有：酸、甜、苦、辣、鹹、鮮、香、麻，及淡等九種單一獨味，其中以前五種為最基本味。

中餐調味除了上述九種獨味外，尚有將二種以上獨味混合而成的複合味，如糖醋、魚香、酸辣、椒麻、三杯、五味與五香等。

(七)盤飾組合

中餐菜餚的盤飾組合極講究食與器，飾物與食材等色調之搭配。例如：主食、副食、調味料，以及裝盛器皿等規格尺寸、質感及色調須相互搭配，始能建構、形塑統一和諧之藝術美及立體美。

二、西餐烹調藝術

西餐與中餐的供食方式，最大不同點乃在分食與合食之備餐作業。西餐採分食制度，因此西餐烹調之餐食分量是依人份準備所需食材及餐具。為便於西餐烹調作業之執行及品質控管，乃訂定各種標準化、科學化之制式管理作業，期使西餐烹調能達一致性水準，而非憑廚師之廚藝、感覺及創意，此與中餐烹飪藝術追求真善美的意境與審美觀則有顯著文化差異。茲將西餐烹調之特色，摘介如後：

(一)講究形式美

西餐為求一致性的餐份控管，所有食材、配料均以度量衡的定量容器或工具等來分配、切割，並以標準烹飪用具及烹調法來製備食物。為形塑菜餚之形式美，在擺盤時除了重視比例原則，更講究對稱均衡之形式美。

▲西餐菜餚講究裝飾美，偏愛高彩度對比色調

(二)講究裝飾美

西餐為形塑菜餚的質感及色澤美，善於運用不同款式的蔬果或具當地代表性之花卉來盤飾。此外，對於整體色調之搭配十分考究，偏愛高彩度及亮度的色調及對比色系運用，如紅花配綠葉。

(三)講究實用生活美

西餐重視餐飲安全衛生及食物營養科學，為確保食物營養不遭受烹調之破壞，較喜愛原汁原味的生冷蔬果沙拉。

此外，在烹調方法當中較偏愛煎、烤、炸、煮等方式，期以減少食物營養之流失及破壞，至於火候之運用並無中餐烹調講究，也不善於使用旺火或特旺火，為縮短烹調時間，常會以壓力鍋或微波爐來取代。

綜上所述，西餐烹調藝術美是展現在生產製備純熟技巧的精確性、營養膳食結構的科學性，以及造形藝術的精簡性。易言之，西餐烹調藝術較接近現代廚藝美，而中餐烹調藝術之美乃歷經五千多年文化洗禮提煉出來的，不僅重視菜餚美的本質、美的形式，更重視菜餚美的意涵，此為西餐廚藝難以媲美之主因。

▲西餐現場烹調藝術美是展現純熟生產製備技巧

第三節　菜餚盤飾美學

菜餚的盤飾為烹調藝術質地美、形制美、器具美及色澤美的綜合體現，也是整個烹調造形藝術之創作。菜餚的盤飾不僅能襯托出菜餚特色，更能形塑菜餚的美感與價值感。本單元將針對菜餚盤飾美學的基本型態及操作原則予以詳加介紹。

一、盤飾的基本型態

常見的菜餚盤飾型態有三種，即主材料表面的點綴、盛盤中心的點綴，以及盤緣的點綴。

▲主菜上以材料點綴裝飾，可增進菜餚的美感

(一)主材料表面的點綴

此類點綴方式適於菜餚的主材料色彩較單調、形狀較簡單欠花俏時，可在菜餚裝盤後，將裝飾材料直接置於菜餚主材料表面上以增進菜餚的美感。例如：蒜泥蒸魚之盤飾，常以蔥絲與生薑絲置於蒸魚上面來點綴。此外，日式料理御飯上所灑的黑芝麻粒或海苔碎片等均是例。

(二)盛盤中心的點綴

此類盤飾點綴方式，較適用於冷盤（冷前菜）或無湯汁菜的菜餚裝飾。其方式是將裝飾材料置於盛盤中央位置，所有菜餚主材料則圍繞在裝飾物四周。通常採取此方式的盤飾物最好呈立體狀，且其高度須高於周邊的菜餚。如以果雕或冰雕為盤中心飾物。

▲裝飾物置於盛盤中央的點綴
圖片來源：胡木源（2001），頁79。

▲盛盤中心的點綴物以立體為佳
圖片來源：胡木源（2001），頁53。

▲局部點綴

▲半圍點綴

(三)盤緣的點綴

此類盤飾可分為：局部點綴、半圍點綴及全圍點綴三種型態，說明如下：

◆局部點綴

此類點綴方式是將盤飾材料，置放在盤子一邊或對稱邊來裝飾菜餚。此類局部點綴所使用的裝飾材料，無論色調、形式或大小，其式樣均須相同，始能營造出視覺上和諧之美。

◆半圍點綴

此類點綴方式是將盤飾材料以半圍型態置於盤緣。

◆全圍點綴

此類點綴方式，是將盤飾材料以全圍型態置於盤緣。

▲全圍點綴

二、菜餚擺盤操作的原則

菜餚擺盤藝術美學須遵循下列原則，否則若操作錯誤，不但未能增進菜餚本身的品味，反而破壞其美感及價值感。

(一)主場原則

擺盤時，菜餚主要食材原料或主要組合食材，其擺盤位置須置放在餐盤重心焦點位置，始能營造出主食材角色的氣勢。

(二)位序原則

菜餚擺盤時，在整體盤面構圖上，須考量主材料與副材料的位序主從原則。如副食材須面向主食材，擬人化成「客向主角打躬作揖」的姿態，以免位序主從錯置，導致喧賓奪主或主客易位之迷思。

(三)烘托原則

菜餚組成的食材當中，副食材不可太多或太複雜，須當配角來烘托點綴主食材為主角，如子題烘托主題，類似紅花襯托綠葉、美女襯托醜女之對比原則。

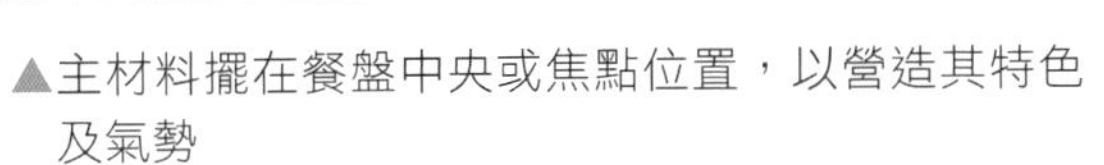

▲主材料擺在餐盤中央或焦點位置，以營造其特色及氣勢

▲以烘托原則運用的菜餚擺飾方式之一

(四)呼應原則

菜餚組成的食材當中，配角須對主角呼應，佐料、辛香料須對配角的副食材呼應，以展現整體的和諧與韻律感。

▲菜餚、美食甜點呼應原則的擺法

▲菜餚盤飾有藏有露、留白的應用手法

▲運用虛實原則的甜點盤飾

(五)虛實原則

此為陰陽調和原則之運用手法之一。菜餚擺盤時「有藏有露」、「留白」、「意到實不到」等手法，有意猶未盡的美感。如法式菜餚之大餐盤上的丁點美食排放方式。

三、菜餚盤飾材料之應用

菜餚盤飾須考量所選用的飾材材質及其顏色，茲說明如下：

(一)菜餚盤飾材料選用須知

1.盤飾材料應選用可食性的食材，避免採用不可食的材料，如樹葉、枯木或有毒性的花卉。

2.盤飾材料應力求新鮮、乾淨、衛生。絕不可為了盤飾而汙染到菜餚或破壞菜餚價值感。

3.盤飾材料的擺設須井然有序、有整體和諧之美。

4.盤飾材料擺放時，不可超出盤緣。擺放在盤子的面積不可超過盤子空間面積的1/3。

5.盤飾適用對象以無湯汁的菜餚為原則，若湯汁菜須盤飾時，也應避免盤飾物碰觸到菜餚。

6.若菜餚本身的色彩已相當豐富時，盤飾應儘量力求簡約典雅，勿太複雜，以免整個構圖顯得太零亂，有時候簡單就是一種美。

▲盤飾材料擺設須井然有序，講究和諧之美

(二)盤飾材料常用的色調

1.紅色：紅辣椒、櫻桃、蘋果、番茄、紅蘿蔔或紅甜椒等。

2.綠色：大黃瓜、小黃瓜、香菜、蔥、巴西利、西洋芹、青江菜、四季豆、蘆筍或檸檬等。

3.黃色：鳳梨、香桔士、黃甜椒、南瓜或玉米等。

4.白色：筍、白蘿蔔、白花椰菜或豆腐等。

5.紫色：茄子、紫高麗菜、葡萄或紫芋頭等。

6.黑色：香菇、黑木耳或髮菜等。

▲盤飾材料

▲五行色彩的盤飾材料

第四節　冰雕與蔬果雕藝術

冰雕與蔬果雕藝術是一種綜合繪畫、工藝、雕刻三者之精髓，使用晶瑩剔透的冰塊及新鮮蔬果為材料，並結合現代美食文化所創造的廚藝美學。它屬於餐廳布置藝術的食材造型設計美學，也是時尚餐飲美食饗宴場景氛圍或主題展現不可或缺的精雕藝術作品。為求探討冰雕、蔬果雕藝術之堂奧，本單元將先介紹雕刻的基本概念，然後再分別探討冰雕及蔬果雕的內涵及美學欣賞。

一、雕刻的基本概念

所謂「雕刻」，係指作者依其心中的意念圖像，將素材不必要的地方除掉，或藉刀具將素材刻畫出凹凸和不同深淺線條，期以展現三度空間立體效果的作品，稱之為雕刻。由於所選用的素材材質特性不同，因而有蔬果雕、冰雕、木雕或石雕等多種不同材質的工藝美作品。

(一)餐飲廚藝常見的雕刻法

餐飲廚藝所採用的雕刻方法，主要有下列幾種：

1.浮雕：是將所要的材料表面或平面，加以雕刻成不同深淺層次，使其產生凹凸狀的立體效果，屬於半立體型態的作品雕法。

2.圓雕：是將雕塑的材料，予以雕成可供前後、左右、上下等不同角度欣賞的立體型態作品。

3.鏤空雕：是將材料內部挖空，使該物件呈四面皆通的中空狀的雕刻法，此類雕刻手法較具難度。

4.線雕：是將材料雕刻線條狀，僅供正面欣賞之平雕手法，可分陰雕與陽雕二種方式，前者圖像凹下，後者圖形保留有突出感。

▲浮雕手法的果雕藝術

▲冰雕作品整體形象、傳神逼真的動感表現

(二)雕刻藝術作品的要件

任何一件美好的雕刻藝術品，至少應備下列要件：

1.空間感：是指雕刻作品的立體空間或立體造形上的整體結構，須具比例及均衡對稱原則。

2.質感：雕刻作品之材質表面或材質本身等給人的觸覺感，如光滑、粗糙、冷暖或情趣等。

3.量感：雕刻作品在虛、實整體關係上所帶給人的感覺。例如：有些作品本身很輕，但卻讓人覺得具重量感。

4.均衡感：雕刻作品各構成元件之間，其比例適當、對稱，具有穩定性之感覺。

5.動感：雕刻作品整體形象所展現的動態感、方向感或肢體行為語言，能達維妙維肖，逼真傳神之境界。

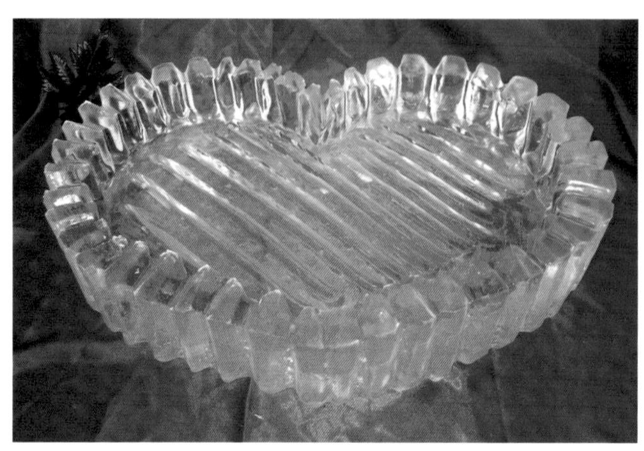

▲心型冰盤
圖片來源：賴龍柱（2008），頁59。

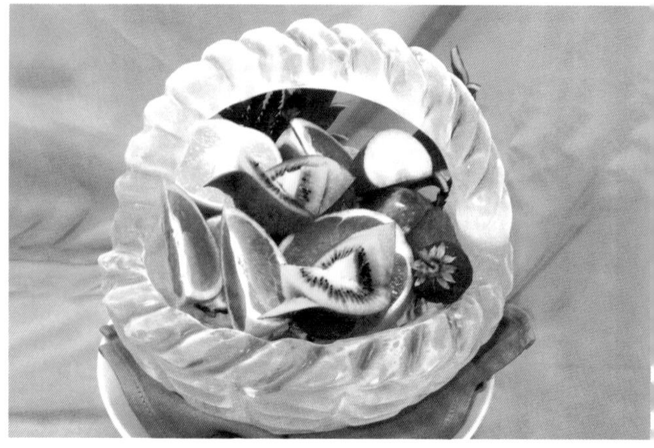

▲水果冰籃
圖片來源：賴龍柱（2008），頁70。

二、冰雕藝術美學

冰雕藝術係一種結合烹調、繪畫、工藝及雕刻美學的時尚廚藝美學。它藉由獨特的造形藝術、燈光、色調來傳遞其意境之美，進而滿足宴會賓客視覺美之享受，並可增添美食文化饗宴之情趣與氛圍。

(一)冰雕藝術的特性

冰雕是餐飲文化藝術之一環，除了具有一般藝術作品之特性外，尚具有其材質本身的獨特性。摘介如下：

◆易逝性

冰雕保存不易，其最佳完美型態之呈現，在常溫下僅能維繫2～3小時之久，宛如曇花一現，令人驚艷，但稍縱即逝。

◆實用性

冰雕可製作成各種精美的杯盤容器，如冰杯、冰盤等來裝盛冷飲、水果或生鮮食材，在宴會中提供賓客享用，除了滿足美味口感外，更能創造視覺美之驚嘆。

◆**裝飾性**

冰雕可作為宴會活動場所裝飾美化，以提升宴會氛圍並創造美食文化價值。例如：大型宴會入口處若擺設能配合主題活動需求的巨型冰雕作品，將可彰顯宴會活動的品味格調。

▲喜慶宴會常以小天使冰雕為造形主題

◆**藝術性**

冰雕是集繪畫、雕刻、工藝、廚藝及美學之精華大成所展現的廚藝傑作。它是透過主題造型，並運用燈光及繽紛的色彩來傳遞文化符碼意境之綜合藝術。

◆**主題性**

冰雕藝術之創作其作品均有一定的設計主題，以作為其創作的目標或最終目的。例如：喜宴是以龍鳳、天鵝或小天使為造形主題；開幕慶典則常以駿馬或老鷹等圖案為冰雕作品主題。

(二)冰雕藝術創作秘笈

冰雕藝術創作，若想使其作品能達巧奪天工、氣韻生動之真善美的崇高意境，在執行藝術創作時，須遵循下列基本原則及步驟：

◆**主題明確**

冰雕創作之前，須配合活動或宴會的性質，慎選最具體或最具象徵意涵的文化符碼來作為冰雕設計之主題。例如：龍、鳳、如意、牡丹花或吉祥圖騰等。此外，主題設計尚須考量各地的風俗習尚及文化背景，期以發揮作品的加乘效益。例如：國際性大型酒會，若以普受世人喜愛的「天使」、「魚」或「老鷹」作為主題來裝飾，將會深受與會來賓喜愛。

◆構圖精準

構圖是冰雕藝術創作之藍本，也是整個作品的主要架構。為求作品之形式美，務必掌握下列原則：

1.須遵循位序主從原則。主題物件須明確，陪襯附件之排序或位置，不可喧賓奪主而導致主從錯置。

2.構圖須精準，確保作品組合各部分在整體物件上的比例、對稱及均衡的相互關係，以便於精準按圖施工。尤其是大型組合的冰雕更應特別注意此項步驟，始能形塑統整和諧之藝術美。

3.造形設計除了應考量質感、量感、紋感及色彩燈光等美感原則外，尚須兼顧安全原則。例如：成品組裝盛盤及支架的負重力，以及成品溶化的時間和安全性考量等，均應力求穩固安全無慮。

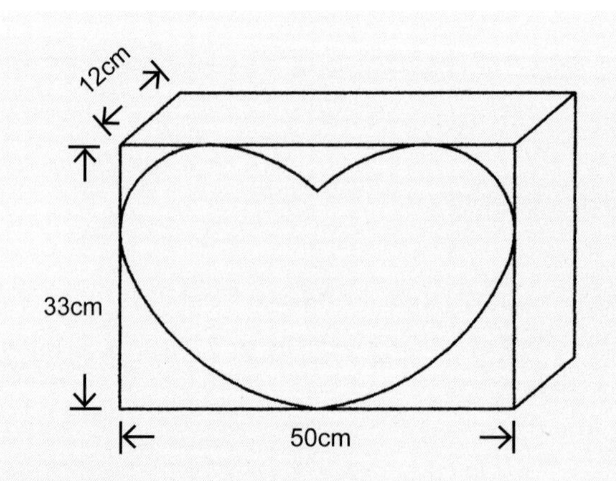

主題：心型冰盤

規格：長50cm×寬33cm×厚12cm

說明：心型冰盤可用於婚宴、情人節、冷盤及冰品裝飾。

▲心型冰盤構圖

圖片來源：賴龍柱（2008），頁59。

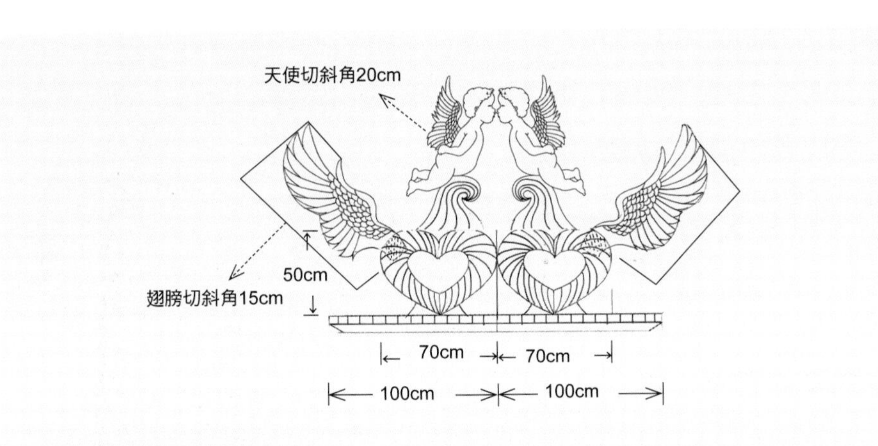

主題：天使之吻

數量：6支冰

說明：天使之吻搭配雙心、雙翼來傳達愛情自由的可貴。

▲天使之吻構圖

圖片來源：賴龍柱（2008），頁159。

◆藝術美感

冰雕藝術之美貴在造形、色彩、燈光及意境之美，其中以「意境」為最重要。它是創作者將其理念、情感及思維注入在該作品中，

▲冰雕藝術貴在展現造形、色彩、燈光及意境之美

並運用造形藝術的獨特技巧，透過作品的「色、質、紋、量」，以及視覺以外的聽覺、味覺等來表達，並營造一種賞心悅目之愉悅氛圍，此為冰雕藝術價值之精髓所在。

(三)冰雕作品的創作實務

冰雕在創作時，須先備有全套的工具及素材冰塊，說明如下：

◆冰雕的工具

1.主要手工具：平鑿刀、三角鑿刀、刮刀、線鋸、鋸子、電鋸、電鑽、冰夾、捲尺、針筆及圓規等工具。

2.輔助工具：彩色投射燈、聚光燈、木製工作檯架、冰雕及裝飾蓄水台等。

3.防護配備：棉布手套、塑膠手套、麻布手套、工作圍裙、耳機及護腰帶等。為避免凍傷，操作時須先套上棉布手套，再套塑膠手套，最外層再套麻布手套，尤其是搬冰塊時，須戴上麻布手套以防滑落碰撞傷害。此外，操作時須戴耳機，可防範耳部凍傷及避免噪音損及聽力。

◆冰塊材料

1.冰塊規格：標準冰塊規格為長100公分、寬25公分、高50公分，重約140公斤。計有橫式及立式二種式樣的冰塊。

2.冰塊選用：冰塊可逕向市面製冰工廠購買，其材質與一般店家販售剉冰之冰塊一樣。選購時，宜選用透明度愈高，其品質愈好。冰塊中間若有白色霧狀者，為空氣滲入所造成，較不適合作為冰雕素材。因為冰塊的品質好壞與其透明度呈正相關。

◆製作流程

1.先繪製格式化構圖作為製作基本施工藍圖。

2.將構圖貼在冰塊上，並以平鑿刀在冰塊構圖上先刻畫出草圖輪廓的線條，再以三角鑿刀加深紋路，將草圖輪廓呈現出來。

▲冰雕擺設通常置於會場入口處或中央處

3.運用各類冰雕工具除去構圖外之冰塊，再分別以大、中、小、細之鑿刀來雕刻紋路造形。

4.特殊技巧之運用，如染色、組合黏接，以增強冰雕主題之視覺美感。

◆冰雕布設

冰雕作品完成後，須放在規格尺寸適當的冰雕裝飾專用的蓄水台上。有些冰雕裝飾蓄水台內尚安置具有排水功能的燈管，可增添燈光迷彩之效果。通常冰雕擺設的位置有：主桌正後方的舞台上、會場入口處、會場中央、走廊、接待桌旁或餐桌上面，其擺設位置端視活動性質或功能需求而定。

三、蔬果雕藝術美學

蔬果切雕藝術之創作技巧類似冰雕，均須結合繪畫、雕刻及餐飲美學的理念，以巧奪天工的技藝，將蔬果素材予以發揮到淋漓盡緻之色澤美、形式美。此外，它更扮演極為重要的菜餚盤飾襯托角色，可將美食增添更多采多姿的情境美。

▲蔬果雕能增添菜餚的情境美

▲蔬果雕的刀具持法

(一)蔬果切雕的材料

蔬果雕所選用的素材很多，較常見者計有：小西瓜、芋頭、紅蘿蔔、白蘿蔔、大黃瓜、綠花椰菜、柳橙、小番茄及紅辣椒等。

(二)蔬果切雕的工具

蔬果切雕所需採用的工具較之冰雕少，常見的有：砧板、菜刀、水果刀、雕刻刀、三角雕刻刀、半丸雕刻刀，以及其他備品如牙籤、食用色素及明礬等。

四、蔬果切雕藝術創作欣賞

學習評量

一、解釋名詞

1.Espresso

2.Caviar

3.Roast Beef

4.Paella

5.Pink Lady

二、問答題

1.有關菜餚命名的方式，你認為中、西餐之菜餚命名最大不同點為何？

2.中餐菜餚命名的特性為何？試摘述之。

3.中餐烹調藝術所強調的五美是指何者而言？

4.刀工為中餐最基本的烹調技藝，請就食材外形之刀工切割方法，列舉五種不同的切割款式。

5.試摘述西餐烹調的主要特色？

6.為確保菜餚盤飾之美，在操作時應遵循哪些原則？試摘述之。

7.假設你是位美食家，請問你認為一件美好的冰雕或蔬果雕藝術作品，該具備哪些要件？試述己見。

CHAPTER
6

時尚飲料美學

單元學習目標

- 瞭解咖啡豆的品種及其特性
- 瞭解時尚咖啡常見的品牌
- 瞭解咖啡烹調美學及鑑賞要領
- 瞭解中國茶藝泡茶美學及品茗美學
- 瞭解調酒藝術美學
- 培養時尚飲料品味及鑑賞能力

隨著西風東漸及生活品質之提升，現代社會人們的飲食生活習慣，已自昔日單純追求生理上的滿足，轉為講究生活時尚美學品味的心靈美食文化饗宴之情趣及意境。由於市場消費文化之蛻變，許多時尚飲料產品陸續異軍突起，蔚為時下熱門暢銷飲品及生活美學藝術化之一環。本單元將分別針對較具代表性的時尚飲料美學予以介紹。

第一節　時尚咖啡

咖啡是目前極為普遍且受人歡迎的飲料，在日常生活中幾乎少不了它。咖啡具有一種獨特的香味，且能提神解勞，因此餐後或工作之餘，來杯可口的咖啡將更愜意。

一、咖啡的由來

咖啡最早產於非洲的衣索比亞卡發（Kaffa）高原。傳說咖啡是由阿拉伯一位牧羊人所發現，有一天他發現有隻山羊吃了野生綠色植物所結的紅色果子後，顯得十分興奮，於是將該果實，帶回去加以研究，終於發現將果實外殼去除後的種子加以烘焙，有一股幽香，淺嚐略帶苦味，飲後倍感口齒清香，具有喉韻，此乃咖啡的由來。

咖啡發現之初當時僅供為藥用，直到16、17世紀傳入阿拉伯、歐洲等地之後，才有今日咖啡之沖調飲用法，當時咖啡是宮廷宴請賓客不可或缺的珍貴飲料，後來才逐漸傳播到世界各地。

二、咖啡豆的品種

咖啡的原始品種，大致可分為阿拉比卡（Arabica）、羅姆斯達（Robusta）及利比利卡（Liberica）等三類，其中以阿拉比卡種最優，且市占率也最高，約占85%左右。

(一)阿拉比卡

此豆子呈青綠色，粒子瘦小，有特殊香味帶甘苦，巴西、哥倫比亞、瓜地馬拉、衣索比亞等咖啡均屬之。此品種品質優異，較適合大眾所需。

(二)羅姆斯達

大多栽於印尼爪哇島上，此豆耐高溫、耐旱，顆粒圓而小、味苦，但苦中帶香，冷卻後，有獨特香甘味道，適於調配冰咖啡。

(三)利比利卡

此豆品質較差，且味道較酸，適於調製綜合咖啡或作為咖啡精。

三、常見的咖啡品牌

咖啡由發現至今已有三千多年的歷史了，已成為國際社交場合最大眾化的飲料，於是有人將咖啡品種移植到世界各地，根據各國特有的土壤性質，加以改良栽培，因此產生了不同品牌的咖啡，且多以國名、產地或輸出港命名之。茲將目前較常見之咖啡名稱列表於後，見**表6-1**。

▲台灣常見咖啡豆大多屬於阿拉比卡種

▲羅姆斯達咖啡豆適於調製冰咖啡

表6-1　常見的咖啡品牌特性

品名	產地	香	醇	甘	苦	酸	備註
藍山咖啡	牙買加	強	強	強	弱	弱	咖啡中的極品
摩卡咖啡	衣索比亞、葉門	強	強	中	弱	中	高級品
曼特寧咖啡	蘇門答臘	強	強	中	強	弱	高級品
巴西咖啡	巴西聖多士	弱		弱	弱		標準品質
哥倫比亞咖啡	哥倫比亞	中	強	中		中	標準品質
爪哇咖啡	印尼爪哇	中			強		適宜調配
牙買加咖啡	牙買加	中	強	中		中	高級品
瓜地馬拉咖啡	瓜地馬拉	中	中	中	弱	中	中級品

台灣的咖啡在19世紀始傳入，日據時代就已開始種植，迄今在雲林古坑、彰化八卦山、南投竹山、嘉義中埔及阿里山、台南東山及屏東恆春等地均可見咖啡樹，唯產量不多。台灣咖啡豆屬於阿拉比卡種，口感柔滑香醇，酸度低、澀味弱，其中以古坑咖啡較富盛名。

四、美味咖啡的沖調要件

(一)水質

一杯好的咖啡其水質甚重要。水質軟硬度要適中，不得有異味；水要剛滾燙之熱開水，不宜以開水再加熱。

(二)水溫

最理想沖調咖啡之溫度為華氏205度或攝氏96度，使水溫一直控制在攝氏91度左右最好。若溫度太高容易釋出咖啡因，而使咖啡變苦。此外，客人也可在咖啡溫度85°C時，享用到一杯美味芳香的熱咖啡。

(三)咖啡豆

1.咖啡豆的烘焙程度，可分為輕度烘焙、中度烘焙及深度烘焙。咖啡豆烘焙要適中，若太輕火則淡而無味，若過於重火，則焦油多且色澤黑，唯香氣濃，如義式咖啡豆。

2.咖啡豆要現場研磨，香味較不易消失。儲存時須以真空包或密封罐儲存，也可冷藏儲存，以免走味。

3.咖啡豆研磨顆粒之粗細端視沖調方式而異，若沖調時間較短，所需顆粒要細；反之，則研磨顆粒要大。例如：

(1)義式咖啡（Espresso）氣壓式沖調法：使用細顆粒研磨之咖啡粉。

(2)虹吸式、滴落式、過濾式或美式咖啡機沖調法：使用中細顆粒研磨的咖啡粉。

(3)法式濾壓壺或滲濾壺沖調法：使用粗顆粒研磨的咖啡粉。

4.購買咖啡豆的數量，最好以一星期的消耗量為限，以確保咖啡原有風味。

(四)適當的比例

咖啡之濃度須力求穩定性與一致性。一般咖啡粉分量與水的比例為1磅咖啡可搭配2.5加侖的水；或是每單人份咖啡以11公克咖啡粉搭配150cc.熱開水。

(五)沖調時間

氣壓式與虹吸式沖調法之沖調時間約1～3分鐘；滴落式或過濾式沖調法其時間稍長，約4～6分鐘，若沖泡時間超過，咖啡味道將較苦；反之，則風味無法完全釋出。

▲滴落式沖調法

(六)飲用咖啡的添加物

1.糖類：如方糖、冰糖、楓葉糖漿等。

2.奶類：乳品可分為鮮奶、鮮奶油、奶油球、奶精粉及煉乳等。

3.香料類：如肉桂粉、肉桂棒、豆蔻粉、薄荷或香草等。

4.酒類：以香甜酒為主，有些會添加威士忌、白蘭地或薄荷酒。

5.其他：如五彩巧克力米、巧克力醬、檸檬皮或冰淇淋。

五、時尚咖啡的種類

時尚咖啡之種類很多，通常在餐廳客人較喜歡點叫的咖啡，計有下列數種：

(一)純咖啡（Black Coffee）

1.大杯黑咖啡（Long Black）：以180cc.咖啡杯裝的現煮咖啡，服務時不提供糖及奶精。

2.小杯黑咖啡（Short Black）：通常指小杯裝或以義式濃縮咖啡杯（Demitasse）來裝的濃咖啡，類似義式咖啡。

▲品嚐咖啡最好是以不加糖、奶精的純咖啡

▲卡布奇諾咖啡

▲以拉花藝術呈現的拿鐵咖啡

3.義式濃縮咖啡（Espresso Coffee）：指以正確分量的專用咖啡豆，經由義式濃縮咖啡機所製作，具有金黃色泡沫的濃郁黑咖啡，此泡沫係由咖啡機高壓下所萃取之油脂（Cream）與空氣中的二氧化碳混合而形成，能增添咖啡之香氣與稠度，且可避免及減少香氣之揮發。

(二)法式白咖啡（Café au lait/White Coffee）

服務時須附加熱牛奶的咖啡。目前一般餐廳供應的普通白咖啡，通常是以奶精或牛奶為之。

(三)卡布奇諾咖啡（Cappuccino）

以義式濃縮咖啡機製成的濃縮咖啡，再加上熱鮮奶與鮮奶泡沫而成。

(四)拿鐵咖啡（Café Latte）

為一種義大利牛奶咖啡，也是以義式濃縮咖啡機製成的濃縮咖啡，再加三倍咖啡量之熱鮮奶及少量鮮奶泡而成，但比卡布奇諾所添加的牛奶要多，奶泡較少。此種咖啡係一種極受歡迎的「早餐咖啡」。

▲皇家咖啡

▲愛爾蘭咖啡專用杯及酒精加熱器

(五)利口咖啡（Liqueur Coffee）

為一種加入烈酒或利口酒的咖啡。語云：「美酒加咖啡」，如添加蘭姆酒的墨西哥冰咖啡，即指此種咖啡而言。

(六)皇家咖啡（Royal Coffee）

將煮好的熱咖啡倒入咖啡杯中至八分滿，再將皇家咖啡匙（匙尖下彎可固定杯緣之專用咖啡匙）架在咖啡杯上，然後再夾一顆方糖置於匙中，最後再倒入0.5盎司的白蘭地於匙中，再為客人點燃供食服務。

(七)愛爾蘭咖啡（Irish Coffee）

將煮好的熱咖啡倒入已加熱的愛爾蘭咖啡專用杯（杯內的愛爾蘭威士忌及砂糖須事先在酒精燈上加熱），然後再添加鮮奶油並灑上五彩巧克力米點綴。通常愛爾蘭咖啡杯架之操作均使用於現場桌邊服務，以增進用餐情趣。

(八)維也納咖啡（Viennese Coffee）

將煮好的熱咖啡倒入咖啡杯中，再添加鮮奶油，並灑少許五彩巧克力米或巧克粉於鮮奶油上，即可端上桌服務。

▲維也納咖啡

六、時尚咖啡生活美學

健康樂活的人生，就從一杯香醇時尚咖啡開始。現代社會咖啡人口不斷快速成長，人們對於咖啡之需求隨著生活品味之提升而益增。咖啡已成為現代社交應酬及日常生活之必需品，因此對於有關咖啡飲料及接待服務之美學，須特別加以留意。

(一)咖啡服務美學

無論是在餐廳、家裡或職場，當你為賓客提供咖啡飲料服務時，可參考下列服務方式為之：

◆點叫

客人點叫咖啡時，須明確記錄所需之咖啡種類、製備方式及所需附加物。

◆擺設咖啡附件備品

1.若是套餐服務，通常是在客人用完餐，清潔整理桌面後才開始服務。如果在家中服務賓客，或餐廳客人只點叫咖啡一項，即須立即準備將服務咖啡所需的牛奶、糖或奶精以托盤端上桌，也可用底盤（Underliner）裝盛擺在餐桌。

2.國內部分餐廳餐桌上均已事先將糖盅、糖包或奶精擺在餐桌中央。此類餐廳即可不必再另外擺設此附加備品，唯須視客人所

▲花式冰咖啡

▲咖啡服務時杯耳及匙柄須朝右

點叫之咖啡類別再補充，如冰咖啡則須另備糖漿、鮮奶油供客人使用。

3.部分較高級的餐廳，餐桌上也不擺放鮮奶油與糖盅，而是等到服務員為客人倒咖啡時，才由服務員請示客人需求後，再為客人添加，如銀器服務的餐廳。

◆擺設咖啡杯皿

1.以托盤將熱過的咖啡杯皿及咖啡匙端送到餐桌，如果份數較多，最好將咖啡杯與襯盤分開放，底盤可獨立疊放，其上方也可放一個咖啡杯，托盤上的其餘空間則可擺放咖啡杯及匙。

2.上桌時，先在托盤上將咖啡杯放在襯盤上，杯耳朝右，再將咖啡匙放在咖啡杯的襯盤上，匙柄朝右。

3.將全套咖啡杯皿自客人右側放置在客人正前方或右側餐桌上，餐廳餐具擺設須力求一致。原則上若客人只喝咖啡並不再搭配其他甜點，則應擺在客人正前方較理想。

◆倒咖啡服務

1.高級歐式餐廳服務：

(1)首先將服務所需之附件，如奶盅、附小匙的糖罐及裝好熱咖啡之咖啡壺，依序置於鋪上布巾之小圓托盤或大餐盤上備用。

(2)左手掌上先墊一條摺疊成正方形之服務巾，再將此托盤置於左手掌服務巾上面，一方面避免燙手，另一方面便於旋轉托盤服務咖啡。

(3)倒咖啡時一律由客人右側服務。首先將左手托盤移近咖啡杯，再以右手提壺倒咖啡，並請示客人是否須添加糖、鮮奶油，再依客人要求逐一服務添加。

2.一般餐廳服務：由服務員直接持咖啡壺到餐桌，自客人右側倒咖啡服務，約七至八分滿即完成服務。至於糖包、奶精包均已事先置於餐桌，所以不必再為客人添加，而由客人自行添加。

3.特調咖啡的服務：如果是義式濃縮咖啡、冰咖啡或特調咖啡等，均是一杯一杯單獨供應，因此直接將盛好咖啡之杯皿端上桌服務即可。若客人點叫上述特調咖啡時，也不必先擺放咖啡杯皿於桌上。

4.此外，客人若點叫冰咖啡時，須另附杯墊、糖漿、奶盅及長茶匙或吸管供客人使用。

▲特調花式咖啡

▲特調咖啡是以單杯來服務

(二)咖啡品嚐美學

◆咖啡飲用溫度

熱咖啡最適宜飲用的溫度為攝氏60～65度，因此供應咖啡給客人時，最好在攝氏85～95度上桌服務，因為客人若再加糖、奶精於杯內時，溫度會再下降。

◆咖啡品嚐鑑賞的要領

1.品嚐咖啡之前，須先端起咖啡杯聞香，深深吸口氣來體會咖啡香之美，然後再啜飲一口含在口中，並以舌頭來體驗其味之美，最後再徐徐下嚥入喉來感受其甘醇之美。
2.若想鑑賞咖啡之美味，儘量暫勿添加奶精或糖等添加物，以純咖啡來品味較佳。一杯上選的咖啡須備濃郁「香、醇、甘」及「弱酸苦」之要件，始為極品。

第二節　時尚茶藝

語云：「柴米油鹽醬醋茶」，為自古以來國人所謂的開門七件事，其中以茶為最後壓軸。由是觀之，茶飲不僅是「國飲」，更是中華傳統文化及國人日常生活之一環。當今全球各地的茶文化均源自古老的中國，唐代文人陸羽所著的《茶經》也是全世界最完整的第一部茶書。近年來，茶藝文化美學漸受國人重視，講究茶藝生活美學，追求時尚茶藝生活品味。

一、茶的類別

茶的種類很多，主要是烘焙製作之發酵程度不同，一般可分為不發酵、半發酵及全發酵茶等三大類（**表6-2**）。此外，尚有一種以各類茶葉添加天然或人工香料、花香、花果等調配而成的調味茶。

表6-2　台灣主要茶葉的識別

類別／項目	不發酵茶	半發酵茶					全發酵茶
	綠茶	烏龍茶／青茶					紅茶
發酵度	0	70%	40%	30%	20%	15%	100%
茶名	龍井	白毫烏龍	鐵觀音	凍頂茶	茉莉花茶	清茶	紅茶
外形	劍片狀	自然彎曲	球狀捲曲	半球捲曲	細（碎）條狀	自然彎曲	細（碎）條狀
沖泡水溫	80℃	85℃	95℃	95℃	80℃	85℃	90℃
湯色	黃綠色	琥珀色	褐色	金黃至褐色	蜜黃色	金黃色	朱紅色
香氣	茉香	熟果香	堅果香	花香	茉莉花香	花香	麥芽糖香
滋味	具活性、甘味	軟甜、甘潤	甘滑厚、略帶果酸味	甘醇、香氣、喉韻兼具	三分花香七分茶味	清新爽口、甘醇	調製後口味多樣化
特性	主要欣賞茶葉新鮮味，維他命C含量多	外形、湯色皆美，飲之溫潤優雅，有「膨風茶」或「東方美人茶」之稱	因品種得名，口味濃郁持重	由偏口、鼻之感受，轉為香氣與喉韻並重	以花香烘托茶味，深受大眾喜愛	入口清香飄逸，屬口鼻之感受	冷飲、熱飲、調味或純飲皆可
產地	新北市三峽	苗栗老田寮與文山茶區	木柵	南投縣鹿谷鄉	_	文山茶區	魚池、埔里

(一)不發酵茶

指未經過發酵的茶，所泡出的茶湯呈碧綠或綠中帶黃的顏色，具有新鮮蔬菜的香氣，即我們所稱的「綠茶」，如抹茶、龍井茶、碧螺春、煎茶、眉茶及珠茶等均屬之。

(二)半發酵茶

指未完全發酵的茶，如一般市面上常見的凍頂烏龍茶、鐵觀音、金萱、東方美人茶、武夷茶及包種茶等均屬之。這類茶又因製法不同，泡出的色澤從金黃到褐色，香氣自花香到熟果香，為此茶之特色。至於香片是以製造完成的茶加薰花香而成，如果薰的是茉莉花，即成茉莉香片，茶中有茉莉花的乾燥物，此為頂級上選；若茶葉不含茉莉花則為非正規之香片，是以人工香味薰香而成。

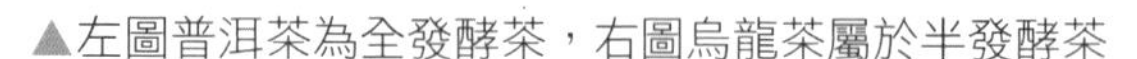
▲左圖普洱茶為全發酵茶，右圖烏龍茶屬於半發酵茶

▲花草茶是以玫瑰花、薰衣草等各類香草沖調而成的飲料

(三)全發酵茶

指經過完全發酵的茶，所泡出的茶湯是朱紅色，具有麥芽糖的香氣，即我們所稱的「紅茶」。其外形呈碎條狀深褐色，純飲或調配皆適宜。歐美各國西餐所謂的「茶」係指此類的紅茶而言，如伯爵茶、錫蘭茶均屬之。紅茶以中國的祁門紅茶、印度的大吉嶺與阿薩姆紅茶，以及斯里蘭卡的錫蘭紅茶最負盛名。此外，雲南普洱茶也屬於此類全發酵茶。

(四)調味茶

是以各類茶葉分別再添加天然或人工香料、花草或花果等食材所調配出來的一種特殊茶飲。有些茶飲僅以乾燥花果與花草來沖泡，本身並不含任何茶葉，唯均通稱「調味茶」。茲摘介其要如下：

◆花草茶

以茶葉以外的可食用香草或藥草（Herb）物之根、莖、花、葉或種籽，或沖泡或熬煮而成之飲品，具有特殊的自然芳香及提神養生之效。此類茶飲之材料，如玫瑰花、薰衣草、迷迭香、茉莉、洋甘菊、紫羅蘭、馬鞭草及薄荷葉等多種。

◆花果茶

以乾燥的花草及水果果粒為材料所沖泡而成的茶飲。此類茶飲不含咖啡因或單寧酸，具有保健、解渴生津之效。常見的材料有洛神花、橙皮、蘋果片、薔薇果及檸檬片等。花果茶之材料可單獨沖泡，也可多種混合成複方來沖泡，因而有單品及綜合花果茶之分。

◆水果茶

以新鮮水果，再加上茶湯或果汁所調配而成的冷熱飲料。此類水果茶材料相當多，只要是當季新鮮水果即可，唯須避免苦澀味之水果。

◆泡沫茶飲

以紅茶、綠茶、烏龍茶或普洱茶等茶湯為主，再加其他調味配料如果糖、果凍或乳製品，然後置於搖酒器（Shaker）快速搖盪，使產生泡沫之飲品。

◆加味茶

指茶葉烘焙時，再添加花果香，使茶葉的風味除了原有茶香外，尚含有濃郁的花香或果香，如茉莉花茶有綠茶及茉莉花之香氣；伯爵茶有紅茶及佛手柑之香味。

▲養生茶茶飲

◆養生茶

以容易沖泡的中藥材所沖調而成，如枸杞菊花茶、桂圓紅棗茶、人蔘茶及決明子茶等。

二、美味茶飲的沖泡要件

(一)水質

一壺好茶的先決條件須備有優質的水，如天然山泉或軟硬度適中的水。若是自來水最好也要靜置一天再使用，以免含有餘氯影響茶湯之風味及口感。

(二)茶葉

茶葉避免受潮或氧化走味，須以密封罐儲存。事實上，上等茶葉不會用來製成茶包，因此茶葉選用甚為重要。

(三)用量

所謂「用量」係指泡茶所需適當比例的茶葉量而言，例如：

1.一人份壺（二杯）：紅茶葉6公克，搭配226～240cc.熱開水。

2.一人份壺（二杯）：烏龍茶6公克，搭配300cc.熱開水。

(四)水溫

「水溫」係指沖泡茶葉時所需之適當溫度，水溫高低須視茶葉類別而定，如低發酵度、輕火焙以及非常細嫩的茶均不能水溫太高，約攝氏80～90度之溫度。如綠茶水溫須攝氏80度以下，至於全發酵的紅茶其水溫須攝氏90～95度之間，避免以攝氏100度之滾燙熱開水來直接泡茶，以免破壞茶葉本身的維生素及風味（**表6-3**）。

表6-3　泡茶水溫與茶葉的關係

類別	高溫	中溫	低溫
溫度	90℃以上	80～90℃	80℃以下
茶葉特性	・中發酵以上的茶 ・外型較緊的茶 ・焙火較重的茶 ・陳年茶	・輕發酵茶 ・有芽尖的茶 ・細碎型的茶	不發酵茶
茶葉類別	阿薩姆紅茶、大吉嶺紅茶、普洱茶	凍頂烏龍、鐵觀音、金萱、包種茶	綠茶、龍井、碧螺春

▲中式品茗小型壺

(五)時間

所謂「時間」，係指茶葉泡在熱開水中，釋出適當濃度及風味茶湯所需時間。如一人份紅茶壺所需時間約五分鐘，若是茶包則為三分鐘。至於中式品茗之小型壺，其第一泡茶一分鐘，第二泡茶時間增加十五秒，一直到第四、五泡茶時間略久些，但不得超過三分鐘，否則茶湯會變苦澀。

三、中式茶藝泡茶美學

宴會供餐服務時，有時會提供此傳統茶藝文化之泡茶表演服務。由穿著中式古典服飾的服務人員提供現場泡茶服務。茲將此典型茶藝泡茶方法及步驟分述於後：

(一)泡茶的正確姿勢

1.泡茶時須力求身體上身自然挺直，勿彎腰駝背，保持端正之姿勢。

2.神情自然，放鬆身心，力求自然祥和。

3.沉肩垂肘，雙肘自然朝下，雙肩自然下垂，勿聳肩。臂與身之間力求和諧自然。

(二)泡茶的器具

通常採用「宜興式茶具」，全套泡茶器計有茶壺、茶船、茶杯、茶盅、茶荷、渣匙、茶巾、茶盤及計時器等，此為多人用的泡茶器具。

(三)泡茶的步驟與要領

◆燙壺

先將茶壺置於茶船中，再以熱開水注入壺內並加蓋預熱溫壺，再將熱水倒入茶船。

◆置茶

一般中小型壺其標準茶量為「半壺」，若外形較鬆的茶葉如清茶，其置茶量約七分滿壺。原則上茶量以沖泡後膨脹到九分滿最理想。

◆沖水

沖水時須徐徐而下，注水不要太粗，同時高度要適中。第一泡可以向壺內以繞著方式沖水，第二泡以後不須再繞，第一泡要繞是因為要潤溼茶葉，第二泡不再繞，可使注水較穩定。此外，沖水以九分滿即可，以免茶角或茶沫溢出影響美感。

◆燙杯

先以熱開水注入杯內，倒茶前再將杯內熱水倒入茶船，以保持茶杯之溫度。

◆倒茶

以手指提壺，將泡好的茶倒入茶盅，或是從茶盅把茶湯倒入各小杯。

◆奉茶

1.奉茶時，杯子應有系列地擺放在茶盤，使杯子與茶盤建構成另一種美感之圖騰。如一個杯子時，放在正中央；二個杯子時，

▲奉茶時三個茶杯的擺法

併排於正中央；三個杯子時，擺成三角形；四個杯子則可擺成正方形。

2.奉茶時，第一泡茶由服務員為客人服務送上，第二泡以後則可將茶倒入茶盅端上桌，由客人自行取用。

倒茶的要領

- 提壺時手持壺的重心，愈接近重心愈方便操作，此外姿勢要自然。
- 提壺倒茶前，先將壺暫時放在茶巾上，以沾乾壺底水漬，避免滴溼檯面茶几。
- 茶具操作方向應以較柔美且順手的方向為原則，從容不迫，穩健自如，充分展現肢體的美感，切勿不耐煩或心急，否則泡起茶來將亂成一團。
- 茶壺倒茶入盅的距離大約在其正上方5公分，至於茶盅倒入茶杯之距離則以3公分為宜。

▲紅茶中加入牛奶即為奶茶

▲英式下午茶

▲英式下午茶點心

四、紅茶與中式茶飲服務

紅茶與中式茶飲之飲用及服務方式略有不同，茲介紹如下：

(一)紅茶的服務及飲用

紅茶為了方便沖泡，通常採用小茶包（Tea Bag）或茶球（Tea Ball）方式，可純單飲或混合丁香、肉桂、香草、花瓣等香料而成各種花草茶。歐美人士偏愛下午茶，對於紅茶的喝法有下列幾種：

1.純紅茶：類似純咖啡之喝法，不添加糖、牛奶等任何其他配料。

2.紅茶加糖：糖有白糖、紅糖、咖啡糖多種。

3.紅茶加牛奶：此方式即為奶茶，不宜以鮮奶油代替牛奶。

4.紅茶加檸檬：服務時可附上檸檬片供應。

5.紅茶可搭配多種配料，唯紅茶加牛奶之後，不可再加檸檬，以免牛奶變質。

(二)紅茶服務流程及要領

紅茶服務作業的要領與咖啡服務作業之流程相同，分述如下：

1.服務員先將茶杯皿（同咖啡杯皿）擺在餐桌客人正前方，再依服務咖啡的方法，以茶壺將紅茶自客人右側倒入杯中即可。

2.若以茶包或茶球置於茶壺整壺服務者，則可直接將小茶壺置於餐桌客人右側，其下面須墊底盤。此方式則由客人自行倒茶，最好另附上一壺熱開水，讓客人自己添加或稀釋杯中茶湯之濃度。此方式最適合於水果茶、花草茶之類紅茶特調品的供食服務。

3.服務紅茶時，須事先請示客人是否需要糖、牛奶或檸檬，再依客人需求另以小碟附上檸檬片、檸檬角壓汁器，並將牛奶或糖端送上桌。

4.冰紅茶服務時，須以圓柱杯或果汁杯裝盛，其杯底須置杯墊，另附糖漿、長茶匙及檸檬片。

(三)中式茶飲服務

飲茶品茗為國人一種生活飲食習慣，除了講究色、香、味俱全有喉韻的茶湯外，更重視泡茶及奉茶的茶藝文化。茲就中餐廳常見的服務方式介紹如下：

◆蓋碗服務

1.此為最常見的個人用茶具的服務方式。蓋碗茶具係由茶碗、碗蓋及碗托三部分所組成。

2.服務時將3公克茶葉先置於碗內，再以熱開水150cc.沖泡加蓋，置於碗托（專用襯盤），以茶盤從客人右側服務。

3.飲用時，須以左手拿取碗托，再以右手掀起碗蓋，以蓋緣刮除杯內茶葉再喝。

◆茶杯服務

將泡好的茶倒入茶杯，以茶盤端茶由客人右側將茶杯端送到客人面前。

◆中式茶藝品茗美學

1.賞茶：先觀賞茶葉的外形，上選茶葉葉片整齊，不會有茶梗及碎片，通常為一心二葉；認識茶葉的品質與特性。
2.聞香：聞香有二種，其一為聞茶葉沖泡前之香氣；其二為主人奉茶時的聞茶湯之香氣。
3.觀色：觀賞茶湯的色澤。
4.品茶：品茶湯時宜細品吟味，切忌一乾而淨。喝完茶湯後尚可欣賞一下留在空杯內的一股清香。上等好茶飲用後，不僅口齒留香，更有甘醇生津之滋味及喉韻。

第三節　調酒美學

人類自古以來，無論中外均十分重視生活藝術，講究生活情趣，追求真、善、美的意境。由於酒能慰藉人們情緒，宣洩人們情感，美化社交生活，因此酒無形中已成為現代人日常生活藝術化所不可或缺之催化劑。本節特別就國內外常見雞尾酒的基酒及其調製方式摘述臚陳於後：

一、雞尾酒常用的基酒

雞尾酒另稱「混合酒」，為一種含酒精的混合飲料，最早出現於美國大陸。時下尚有一種「無酒精雞尾酒」即非酒精性飲料之混合。茲將常見基酒介紹如下：

▲不同品牌的威士忌

▲法國XO白蘭地

(一)威士忌（Whisky）

威士忌係以大麥、黑麥、玉米等穀物為主要原料，經糖化、蒸餾、儲藏而成，其酒精濃度約在40～45%之間。由於原料、水質及製作、儲藏技術之不同，因此當今世界有許多不同品牌之威士忌問世，其中較富盛名者有蘇格蘭威士忌、愛爾蘭威士忌、美國威士忌及加拿大威士忌。

(二)白蘭地（Brandy）

白蘭地係以葡萄或水果為原料，經發酵、蒸餾後，再儲存於橡木桶中之陳年老酒。目前世界各國幾乎均有生產白蘭地，如法國、西班牙、葡萄牙、美國，其中以法國康涅克（Cognac）所出產之白蘭地最為有名。

(三)伏特加（Vodka）

伏特加係以馬鈴薯及其他穀類經發酵及重複蒸餾而成，因此其酒精濃度極高，可達95%，為一種無色無味之烈性酒。目前伏特加酒以俄羅斯所產的最負盛名。

(四)琴酒（Gin）

琴酒係以穀物及杜松子為主要原料蒸餾而成，由於酒精濃度高達40～50%且有特殊芳香，因此極受人喜愛，為當今調製雞尾酒最為重要之基酒，故有「雞尾酒的心臟」之稱。

(五)蘭姆酒（Rum）

蘭姆酒係以蔗糖為原料，經過發酵、蒸餾手續而成，其酒精濃度約在40～75%之間。目前世界各國所產之蘭姆酒很多，但以牙買加所產較為有名。

(六)其他

目前有不少創意調酒是採用高粱酒、烏梅酒或其他水果酒等來作為調製雞尾酒之基酒。

二、雞尾酒調製的方法

調製雞尾酒的方法主要有搖盪法、攪拌法、攪和法與調酒缸調法四種，不過最常見的首推搖盪法與攪拌法兩種，茲分述於後：

(一)搖盪法（Shake）

調酒時，為了使濃稠的材料如果汁、糖漿、蛋、牛奶等物能迅速與基酒混合在一起，乃將冰塊、烈酒、果汁、牛奶及蛋等材料，依序分別置入調酒器，所做的一種上下快速搖盪動作。其搖盪方法常見者有雙手搖法與單手搖法兩種，不過以雙手搖法較正確，且穩定性高。

調酒器的正確拿法是先把左手的中指與無名指，圍著調酒器的底部，然後以食指與小指夾住調酒器的壺身，拇指壓住濾酒器的肩部，另外把右手的拇指壓住壺蓋，其他的手指撐著壺身，必須特別注意的是，此時手掌千萬不可以緊握接觸到調酒器，否則手掌的溫度，將會使冰塊迅速溶解，而影響雞尾酒的風味。

▲調酒器搖盪時，手的高度必須高於胸部上下搖動，直到調酒器表面結霜為止

▲攪拌雞尾酒所使用的調酒杯、吧匙及濾酒器

「搖盪」的方法是先自左斜上方（或右斜上方）→胸前→左斜下方（或右斜下方）→胸前之路線往返搖盪。而搖盪到上方時，手的高度必須高於胸部，返回時則與胸部等高，如此以「〈」字型方式，上下往返來回約6～7次之後，拿著調酒器的手尖，便會感到一股冷氣，而調酒器的表面，也會出現一層霜般的白狀物，此時以左手迅速打開壺蓋，右手拿起壺身，迅速將調好雞尾酒注入備妥之杯中，調製出來的飲料以6℃左右最為理想。

(二)攪拌法（Stir）

攪拌時必須使用調酒杯、吧匙、濾酒器等器皿。攪拌的方法是以左手的拇指與食指，夾住調酒杯的上部，而小指放於底部，材料少時傾斜35度即可。

首先將4～5個冰塊放入調酒杯中，左手握著杯子上方，右手拿吧匙，然後將匙背呈圓狀的那一邊放入杯子內側，以拇指與食指為軸心，一邊用中指與無名指控制吧匙，迅速地攪拌，為使冰塊轉動，吧匙必須沿著杯緣轉大圈，當轉動7～8回後，再輕輕地抽出吧匙，並把濾酒器貼在杯口，將飲料倒入飲用杯中。

▲攪和法是將酒及各式果汁飲料倒入飲料杯中，並以吧匙直接攪拌的調酒方式

▲大型宴會所使用的調酒缸

(三)攪和法（Build-In）

當不使用調酒器或調酒杯，而直接將配方上所示的酒類、果汁或蘇打類倒入飲料杯中，用長匙調拌之情況稱為攪和，如調製高杯飲料，即是用此種方法。

此方法最重要的是，要記住勿弄錯材料倒入的先後順序如前所述，其次是攪動時以手扶著杯子，勿使飲料濺出，若加蘇打水時可能有氣泡溢出，因此攪和動作要小心。

此外，尚有「漂浮調配法」（Floating），為此種方法之衍生，專供添加冰淇淋球之創意調酒法。

(四)調酒缸調法（Punch）

係指就配方上所示的各種基酒、果汁、蘇打等直接置於調酒缸內攪拌。

三、雞尾酒美學賞析

學習評量

一、解釋名詞

1.Arabica

2.Expresso Coffee

3.Irish Coffee

4.Shake

5.Punch

二、問答題

1.你知道目前市面上的咖啡豆，其原始品種有哪幾種嗎？其中以哪一種品質較適合消費大眾口味？

2.台灣咖啡產地在何處？其中以何地較具盛名？

3.一杯美味的咖啡，在沖調時須注意哪些要件，你知道嗎？試述己見。

4.為彰顯你個人的生活美學及品味，你知道如何鑑賞一杯咖啡之美嗎？試述之。

5.美味茶飲的沖泡要件為何？試述之。

6.你知道中式茶藝泡茶的步驟為何？試摘述之。

7.如果你是位品茗美學家，試問你將會依據哪些標準來評鑑欣賞一杯茶之美？試述你的看法。

8.何謂「雞尾酒」？你知道雞尾酒調製的方法有哪幾種？試述之。

CHAPTER
7

& Beverage Aesthetics

現代時尚餐飲生活美學

單元學習目標

- 瞭解社交宴席安排的禮儀美學
- 瞭解宴會餐具使用的美學
- 瞭解社交宴會禮儀美學
- 瞭解自助餐餐飲美學
- 瞭解健康餐飲生活美學
- 瞭解酒與食物之搭配及品酒美學
- 培養良好時尚餐飲生活習慣

近年來，隨著世人對生活藝術美學之重視，人們餐飲生活習慣與態度也隨之而質變，不僅想吃得好、吃得巧、吃得健康，更講究餐飲藝術品味及餐飲禮節。尤其是在正式社交應酬的場合，人們非常重視時尚餐飲生活美學，期以彰顯自己獨特品味、社經地位及美學文化素養。

第一節　宴會席次安排美學

禮儀乃人們生活的規範，也是人際關係的準繩，包括禮節、儀典與儀序，而餐飲禮儀是指參加宴會所應注意的各項禮節、儀序或儀典。本單元將就宴會席次安排、禮儀美學予以介紹。

一、席次安排的基本原則

宴會席次安排得當與否，足以影響到整個宴會之成敗，一般而言，是以席次面向入口者為上位，背向入口者為下位（末位）。無論中西宴會均須特別注意遵守的基本原則，即尊右原則、三P原則及分坐原則。

(一)尊右原則

1.男女主人如比肩同坐一桌，則男左女右，如男女主人各坐一桌，則女主人應坐在右桌，該桌為首席，男主人在左桌為次席，如右圖所示。

女主人　男主人
1　2
入口

2.男主人或女主人據中央之席朝門而坐，其右方桌子為尊，左方桌子次之；其右手旁之客人為尊，左手旁之客人次之。

▲為營造宴會良好的氣氛，席次安排須考量尊右、三P及分坐原則

3.男女主人如一桌對坐，女主人之右為首席，男主人之右為第二席，女主人之左為第三席，男主人之左為第四席，依序而分席次之高低尊卑。

(二)三P原則

所謂三P原則，係指賓客地位（Position）、政治情勢（Political Situation）及人際關係（Personal Relationship）等三者而言。易言之，宴會席次之安排，除須考慮尊右原則外，還需要顧及來賓之社會地位、政治關係，以及主客之間談話、語言溝通、交情背景，甚至於私人恩怨等人際關係，綜合上述三項原則於安排位次時，事先予以詳加考慮，才能營造良好宴會之氣氛。

(三)分坐原則

所謂「分坐原則」，係指男女分坐、夫婦分坐、華洋分坐之意思，不過在中式宴會席次之安排，夫婦原則上是比肩同坐，其他客人則仍採分坐之原則。

二、席次安排的方法

(一)西式宴會桌席次排法

◆西式方桌排法

男主賓面對男主人而坐，夫婦斜角對坐，讓右席予男女主賓。

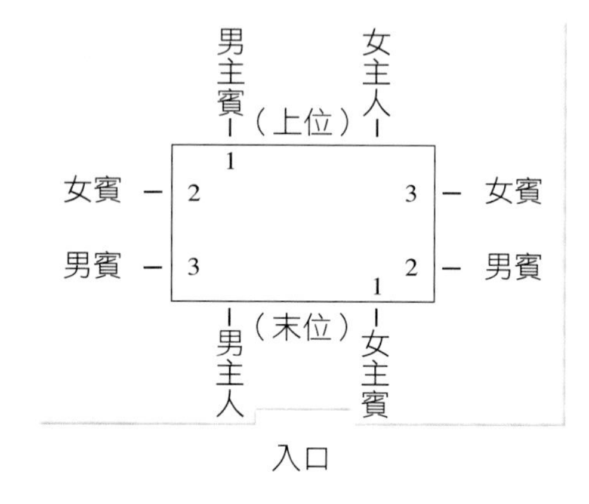

◆西式圓桌排法

男主人與女主人對坐，首席在女主人之右。

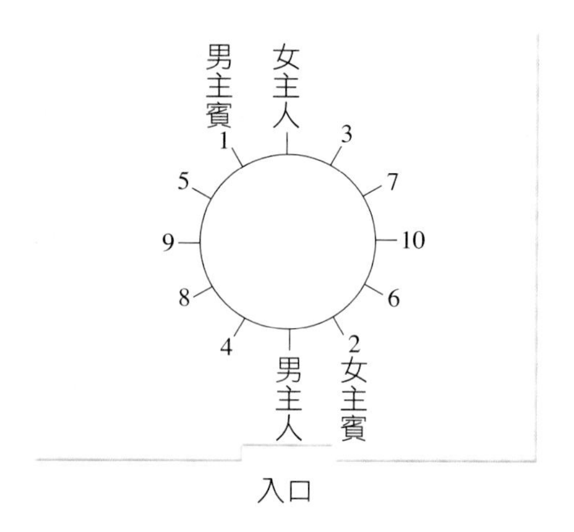

(二)中式宴會桌席次排法

◆中式方桌排法

男女主人併肩而坐，面對男女主賓。

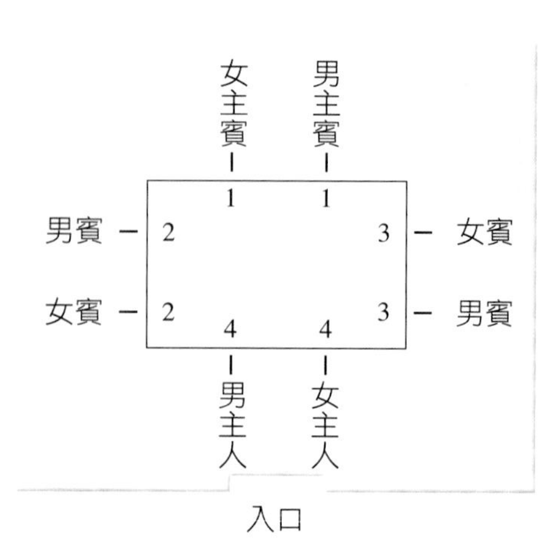

◆中式圓桌排法

主人居中，而以左右兩邊為主賓，自上而下，依次排列。

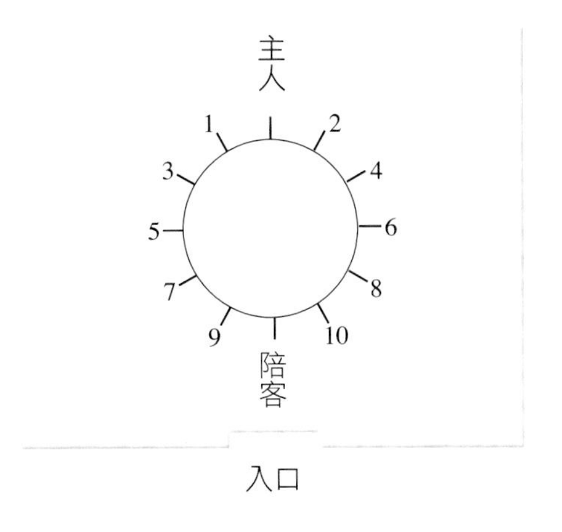

三、桌次排列法

餐桌桌次之排列除了須考慮前述三P原則外，尚須兼顧安全、舒適、便捷之原則，尤其是中式宴會，國人對首席桌之安排較之西式宴會更為講究。一般而言，是以尊右、遠離入口及以中央為大的原則來安排桌次。

(一)桌次安排的基本原則

◆中間為大

當餐桌採橫向排列，且桌數為奇數時，則以中間餐桌為首席主桌。

◆右大左小

當餐桌採橫向排列，且桌數為兩桌時，則以面向入口處右側餐桌為首席主桌。

◆內大外小

當餐桌採直向或多層排列時，則以距入口處較遠的內側餐桌為首席主桌。

(二)餐桌安排圖例

◆單圓桌之排列法

單圓桌僅須考量座次安排，如圖例：

1號席次為首位。

2號席次為次位。

3號席次為再次之。

4號席次為末位。

右 1 左

2 3

4

入口

◆兩圓桌之排列法

兩圓桌時，以面向入口之右側桌席為主桌，左側為次；以距入口較遠為首席。如右圖兩種排法。

1號桌為首席主桌。

2號桌為次席。

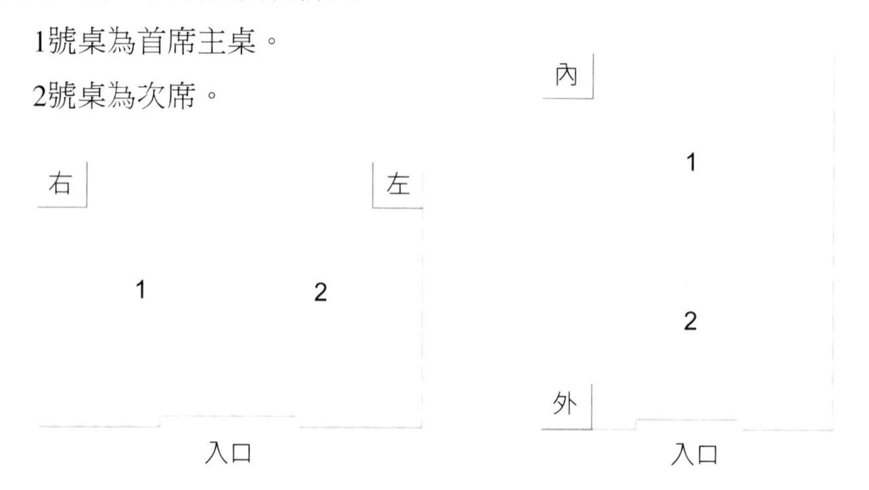

◆三圓桌之排列法

1.貴賓房若併排擺三圓桌時，則以中間桌為主桌，右側桌次之，左側桌為末席。

2.貴賓房擺三圓桌時，若在入口處擺一桌，則入口處該桌為末桌，內側靠右為第一桌，靠左為第二桌。

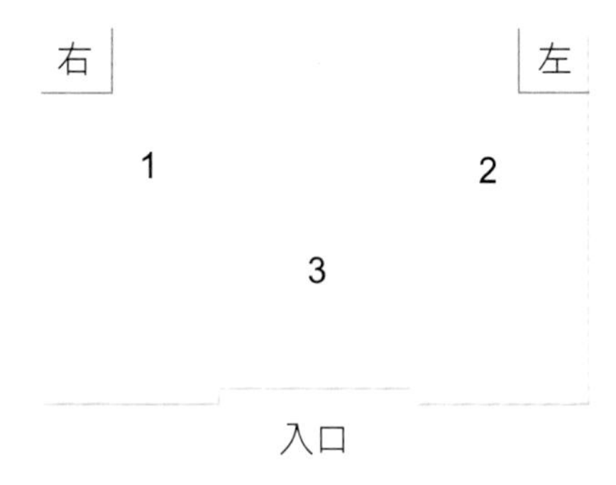

◆四圓桌之排列法

貴賓房若擺四圓桌如圖示，則以靠內餐桌為尊，近入口者次之。

1號桌為首席主桌。

2號桌次之。

3號桌再次之。

4號桌為末座。

右　左

1　2

3　4

入口

◆五圓桌之排列

貴賓房若擺五圓桌，則以中間1號桌為首席，內排右側為次席，內排左側再次之，以最近門口左側為最末桌，如下面兩種排法。

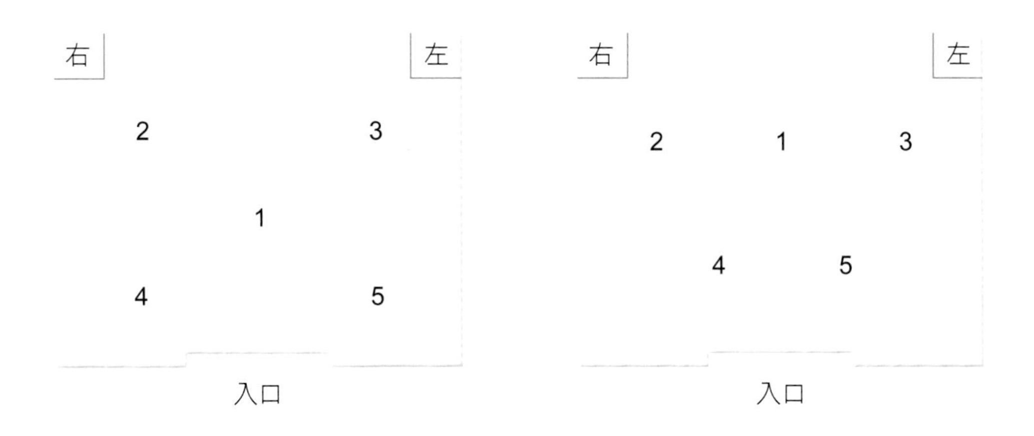

第二節　宴會餐飲美學

餐桌禮儀，如刀、叉餐具之使用、食物之吃法等規矩甚多，若稍微疏忽將會貽笑大方，不可不慎。本單元首先將介紹各式餐具之使用方法，再解說餐桌上各種進餐細節與特種食物之正確吃法，期使讀者能培養良好餐桌禮儀及生活美學。

一、餐具使用的美學

有關中西餐具使用的生活美學，摘述如下：

(一)中餐餐具之使用

◆筷子

筷子的正確使用姿勢，係將筷子併排至食指一、二節，中指第一節之位置上，再將大拇指第一節輕輕壓至筷子上，再以無名指尖端抵在裡面的一支筷子上，然後再以中指為支點，自然張合。

▲中餐宴席各類餐具之擺設

◆骨盤

用來裝盛菜餚或菜渣、魚骨頭之容器，切忌將魚骨等殘餘物任意棄於桌面或地上。

◆湯碗

中餐餐桌之小湯碗係專供裝盛湯、羹之類菜餚，不宜作為他用。

◆公筷母匙

中餐一般採合菜方式，以大盤供食，取盤中食物必須用公筷母匙取適量食物於自己骨盤或小湯碗上，再以自己之餐具進餐，勿以自己用過之筷子或湯匙取食。

◆餐巾或口布

其主要作用是防止湯汁、油汙等滴沾衣物，此外可用來輕拭嘴邊，但不可用來擦餐具、擦臉或做其他用途。

使用筷子的禁忌

使用筷子時，勿拿著筷子東指西指，此外尚須避免不雅的失禮行為。

- 刺箸：將筷子插入食物中，藉以刺取食物來食用。
- 迷箸：手持筷子在菜餚上，不知該挑選哪一種食物，而猶豫不決。
- 含箸：將筷子含在口中，藉以將黏在筷子上之食物吃掉。
- 淚箸：以筷子夾取食物入口時，一面滴著湯汁，一面將菜夾入口中。
- 剔箸：將筷子當作牙籤來剔牙。
- 移箸：以筷子來移動碗盤或餐食，以方便自己就近取食。
- 架箸：將筷子擱放在碗上面。
- 舔箸：享用佳餚後，意猶未盡而以舌頭舔筷子。
- 攪箸：為挑選自己所喜歡的食物，以筷子在菜餚上翻攪，以利挑選想吃的食物。
- 扒箸：以筷子將碗內之菜餚扒進口中。

(二)西餐餐具之使用

◆原則上多用叉少用刀

刀、叉、匙是西餐最常見之主要餐具，原則上儘量多用叉少用刀。刀有牛排刀、餐刀、魚刀。牛排刀有銳利之鋸齒狀刀尖。餐刀又稱肉刀，刀尖亦呈鋸齒狀，只是較之前者鈍些。魚刀為較扁而寬之刀面，刀尖不利，無鋸齒。

◆刀、叉之正確使用方法

刀、叉之正確使用方法是右手持刀，左手持叉，刀尖與叉齒朝下，以刀尖切割食物，但不可以刀叉取食物入口。刀僅作為切割食物用。

◆叉子

叉子用途最廣，凡一切送入口中之食物除湯外，大部分均以叉取食物入口，如魚肉、蔬菜水果、生菜沙拉及蛋糕等均是。

◆湯匙與甜點匙不可誤用

西餐匙有湯匙、甜點匙及茶匙之分。湯匙較大，後兩者較小。圓湯匙濃湯用，橢圓匙是清湯專用，不可混淆使用。飲湯時，用右手拿湯匙「由內向外舀」，再將湯送入口中，湯快用完時，可用左手將湯碗向外傾斜再舀湯。用畢後，湯匙應放置碟上，而不可留置於湯碗內，若湯碗未附底盤，始可將湯匙置於碗內。

◆刀、叉、匙之運用

西餐之禮節，貴在懂得運用刀、叉、匙。通常刀與湯匙放在右邊，叉置於左邊，使用刀叉時，係「由外向內」取用。餐點用畢不可將刀叉擺回原位，應將其併排斜放在餐盤右上角或盤中，握把向右，叉齒向上，刀口朝向自己。

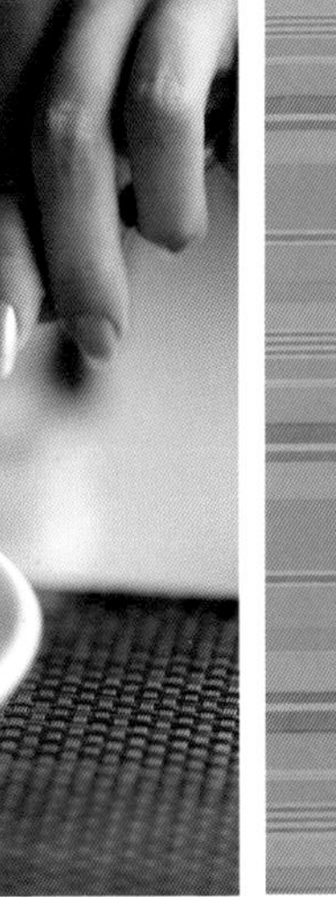

▲西餐刀叉切割的正確持法

▲餐點用畢，餐具的正確擺法

二、社交宴會禮儀美學

為彰顯餐廳格調氣氛及宴會服務品質，無論是赴宴賓客或餐飲服務人員均須熟悉餐桌禮儀美學，以確保服務流程順暢及賓主盡歡。

(一)赴宴入席的禮儀

1.在正式宴會或餐廳用餐，通常須由領檯或接待人員引導入座，不宜逕自入席。

2.尊長未入席，或主人未招呼前，不宜逕行入座或先行進食。

3.入座時，一般均從「座椅左側」進入座位，姿勢宜正，不可前俯後仰，甚而側身斜坐。身體距桌緣約10～15公分左右。

4.女士手提包勿置於桌上，可放在身體背後與椅背之間。

5.用餐時，不可將手肘放置桌面，兩臂內縮勿向外伸張，以免觸撞別人。

▲入座後勿直接取用或攤開餐巾，應配合主賓或主人動作來取用

(二)宴會使用餐巾的禮儀

◆餐巾啟用的時機

入座後勿直接取用或攤開餐巾。原則上，須俟全體入座後，再配合主人或主賓的動作來啟用。

◆餐巾正確的使用方式

1.餐巾攤開後，旋即將它對摺再置於膝蓋大腿上，唯避免將它繫在胸前或塞入腰際。

2.餐巾可供作為防範菜餚汙損衣物或餐中偶爾擦拭嘴角用，唯不可拿來擦拭盤碟杯皿或擦汗拭臉。

3.進餐時，應儘量避免打噴嚏、咳嗽、呵欠或剔牙，若一時難抑，可以手帕遮掩或以餐巾應急，不過宜儘量避免之。

4.宴會中途暫時離席，可將餐巾對摺再置放椅面或扶手上，但絕對不可將餐巾放在餐桌上或掛在椅背。

5.宴會結束離席時，可將餐巾稍加摺疊，再放在餐桌左側，表示已用餐畢。

(三)宴會中的進餐禮儀

◆調味品與牙籤

1.進餐中，當想要借用同桌客人面前之調味品時，不可伸長手臂或站起來拿，宜請鄰座客人幫忙傳遞。

2.宴席上避免當眾使用牙籤，更不可以手指剔牙。若確有必要，則可暫時離座前往化妝室再自行處理。

◆咀嚼與談話

1.吃東西時，嘴巴勿含滿食物，否則咀嚼不易，形象不雅。

2.口中含滿食物時，勿張口說話，若別人問話時，可俟食物嚥下後再回話，以免噴得到處都是渣滓。

3.手上持刀叉時，或同席客人尚在咀嚼食物時，應避免向其敬酒或問話。談話時，應先將刀叉放下，不可邊說邊舞動刀叉。

4.談話時，不可隔著左右客人和另外的客人大聲說笑，若與鄰座客人交談，也應該輕輕說話，不宜高聲大笑。

5.一道菜吃到一半，中間停下談話時，應將刀口或叉齒一端靠在盤上，刀柄或叉柄底端靠於桌上，否則服務員可能誤以為你已用畢而將餐盤端走。

▲用餐中暫停或離席時餐具的擺法

◆**敬酒與品評**

1.餐桌上，除主人外，其餘客人不必勉強向同席客人敬酒。

2.餐桌上，每位客人面前應備有一杯酒，勿因不飲酒而不要擺放酒杯。尤其當他人向你敬酒時，絕對不可拿水杯或果汁代酒回敬，禮貌上應舉起酒杯淺嚐即可。國人對此禮節經常疏忽。

3.敬酒時，舉杯勿高於眼睛，以免阻擋視線，頂多與眼睛同高。

4.作客時，如菜餚係女主人親自烹調，禮貌上應予以品嚐並讚美之，但不必品評自己不喜歡的食物。

(四)宴會畢的禮儀

1.宴會結束時，男女主賓應先致謝告辭，然後起立離席，其他賓客始可相繼離座，並與男女主人握別。

2.宴會結束後，須等賓客全部離去後再與餐廳結帳，避免在賓客面前買單結帳。

(五)其他餐桌禮儀

1.進餐中之話題以生活趣聞、輕鬆風雅為原則，避免討論嚴肅或敏感之爭議性話題，如政治、宗教或公務，以免影響進餐氣氛。

餐具的語言

西餐宴席中，當賓客餐食已使用完或該餐食已不想再繼續享用時，可將刀叉併列置放在餐盤約12點與3點鐘的位置。此時，有經驗的餐廳服務員看到此「標誌」後，將會主動前來為你收拾殘盤，此乃餐具語言。

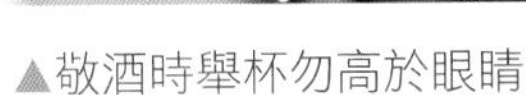

▲敬酒時舉杯勿高於眼睛

▲參加正式宴會服飾要整潔大方高雅

2.主人進餐之速度要儘量配合席間較慢的賓客用餐，以免讓客人感到不安。

3.女士用餐畢，不可在餐桌上當場補妝，應該暫離席前往化妝室再行補妝，以免失禮。

4.宴席進行中，避免中途離席；用餐畢，主人或主賓尚未離席，賓客不宜貿然起身先行離席，否則將十分失禮。

5.宴會類型很多，如國宴（State Banquet）、大型宴會（Grand Banquet）等較正式之宴會，服飾要以整潔大方高雅為原則。男士以深色西裝或黑色禮服為宜；女士則可穿著高雅禮服或套裝，唯不宜穿長褲。

三、歐式自助餐餐飲美學

歐式自助餐（Buffet）或「吃到飽」（all you can eat）之餐廳已成為時下甚受歡迎的一種餐飲供食服務方式，茲就其進餐須注意的禮儀，摘述如下：

▲自助餐供餐檯的布置可展現當地的美食文化

▲歐式自助餐供餐檯及餐桌擺設

▲歐式自助餐取食時儘量以少量多樣，且避免冷熱食混搭一起

1. 自助餐供餐檯布置甚美觀，菜色多樣化。取食前可先欣賞一下所有的餐檯布設及美食文化，同時可瞭解自己所喜愛菜色的擺設位置。
2. 取食最好依西餐上菜順序來依序取餐，即開胃菜、冷盤、湯、沙拉、熱食主菜、水果、甜點及飲料。
3. 取食時，儘量以「少量多樣」為原則，以免因菜餚取量過多吃不下而浪費。
4. 取食時，儘量避免將冷食與熱食同時混搭在一起，以防食材交互感染而變質。
5. 取食時，須以每道菜專用的服務叉匙、服務夾或筷子等餐具來拿取菜餚，取食完畢須再歸放原位。
6. 為避免影響美食風味及視覺美感，不同款式的菜餚應避免堆砌在一起，或將菜餚堆疊成金字塔。
7. 品嚐美食甜點飲料，可在座位上享用，唯不可在供餐檯或通道上邊拿邊吃，不僅吃相不雅觀，且不符合生活美學。

四、中西宴席餐飲美學

餐桌所供應的佳餚種類繁多，食用方法互異，大概可分下列兩大類來介紹較合乎規範的進食要領：

(一)一般食物的吃法

◆湯類與飲料

1.喝湯時宜先試溫度，唯不可以口吹氣，更不可發出「嘶嘶」聲。

2.喝咖啡或紅茶時，勿以茶匙或咖啡匙舀送入口，茶匙、咖啡匙係供作為攪拌用。飲用時，須將紅茶包與匙置於碟上，再以右手持耳把飲用。

3.喝果汁等飲料時，切忌大口牛飲；參加宴會時，若要取用水杯或果汁飲料杯要拿右手邊的杯子以免誤取鄰座杯皿。

▲喝湯時應先試溫度，但不可以口吹氣

◆麵包類食品

1.吃麵包或吐司時要取用左手邊之麵包，同時絕對不可直接用口咬，或整個吞入口中嚼食。麵包應先用手撕成小片，再以小片送進口中。

2.麵包若要塗果醬或奶油，須先以奶油刀取適量奶油或果醬在麵包碟或餐盤上塗抹，以免碎片或麵包屑掉落餐桌上。

3.不可將麵包置入湯碗沾取湯汁、浸肉汁或醬汁等調味料食用。

◆魚肉類食物

1.魚肉類食物，要邊切邊吃，切一口吃一口，不可全部切成小塊再大快朵頤。

2.口中之魚骨或骨刺，可以拇指與食指自合攏之脣間取出。

3.正式場合不宜用手去骨，同時魚類取食不可翻身。一邊吃完時，可以刀、叉先去魚頭，再將魚脊髓骨之一端以叉挑起，逐

▲肉類食物要切一口吃一口，不可全部切成小塊再吃，以免破壞美感

漸提高整個骨頭，再以刀與叉將之夾起，置於盤側，然後再邊切邊吃。

◆麵條與沙拉

1.麵條類食物，可以用叉子捲幾圈，大約一口量即可，然後再以叉送食物入口，不可一部分入口，而一部分尚未離盤就以口吸食，非常不雅觀。

2.通心粉或沙拉可用餐叉，叉起食物進食。如沙拉太大塊，宜先用刀切成小塊再以叉吃。至於盤中剩餘豆粒，仍以叉取食，不可用手取食。

◆甜點

1.糕點類應以點心叉取食，三角形切片蛋糕則由蛋糕尖端開始切取一小塊食用，至於布丁、果凍、慕司應以點心匙取用。

2.冰淇淋吃完後，其匙應放在點心盤上。

▲餐後甜點的形狀若呈三角形，使用時由尖端切取食用

▲西餐餐後甜點及飲料

▲蝦蟹類可以用手取食，去殼食之

(二)特種食物的吃法

◆用手取食等食物

1.炸洋芋片、玉米、芹菜、培根、餅乾、草莓、小粒番茄或蜜餞等較不易沾手之食物可以用手取食。

2.吃小蝦、龍蝦腳或蟹類時，可以用手去殼食之；烤雞也可以用手拿來吃；不過，凡是用手取食之食物，應注意務必以右手取食，因左手常被視為不潔。此外，僅能以右手拇指與食指兩隻指頭，不可「五爪」俱張。

◆雛雞、野禽、乳鴿等食物

雛雞、野禽、乳鴿等食物，宜先用刀割其胸脯及兩腿之肉，但不可翻身，可先剖成兩塊，在切肉時，左手持叉，要用點力，將肉按住固定妥，否則一不小心，食物便會滑溜出盤外。切割時，手肘要放穩在桌上，然後再以刀尖切割。

◆水果類食物之吃法

1.吃水果時須以水果叉取食。水果的核或渣應吐在手中，再放置盤上，不可直接當眾吐在盤碟上。

▲西方人吃葡萄通常不剝皮直接吃

▲進入日式料理店和室廂房，須先脫鞋再入座

2.西方人吃葡萄之方法有二：一為左手握葡萄，右手以刀尖取出種子，再以右手送入口；另一種吃法，是將整粒葡萄不剝皮直接放入口中咀嚼，吞食其果肉及汁，一般均不吐核。

五、日本料理餐飲美學

日本料理類別有四種，即寺廟的精進料理、婚宴的本膳料理，以及飯店或餐廳的懷石料理和會席料理。無論上述哪種類別的日式料理，其特色均講究清淡、量少、質鮮，並重視盤飾與器具之美。日本人進餐十分注重席間用餐禮儀，摘介如下：

(一)講究儀態

1.前往餐廳用餐服裝儀容力求整潔，鞋子須擦亮，襪子要乾淨，避免異味及破洞。因為在日式料理店用餐，通常是在廂房，必須脫鞋後始上座席。

2.日式料理店用餐時，儘量勿配戴太多手上飾物，以免端取各式碗、碟食器或掀翻碗蓋造成不便。

▲日本清酒、溫酒瓶及酒杯

▲日式料理餐具擺設，筷子是採橫放

3.避免使用香味濃郁的體香劑或香水，以免影響日式食材原始風味。

(二)品酒與斟酒

1.日本人在席間用餐前，通常慣於先酌一口日本清酒，或以乾杯來表示問候及致歡迎之意。此時，無論你會不會喝酒，為表示禮貌，均須舉杯淺嚐回應，始合乎生活美學。

2.舉杯時，應以右手持杯；女士尚須輔以左手托住杯底以示尊重。舉杯高度應與眼睛視平線同高為宜。

3.若接受他人斟酒時，須將酒杯端起，唯不必舉太高；為他人斟酒時，應以右手持瓶，掌心朝下，再以左手扶托瓶子來斟酒。

(三)筷子的美學

日本飲食文化源自中國唐代，也是屬於筷子文化叢之一環，唯對於筷子使用的生活美學極為講究。由於日本筷子在席間擺放是採併列橫放，因此在取用時仍須注意傳統禮節。

1.拿取筷子時，須以右手取筷，再以左手由筷子下方托住，然後始將右手移到正確位置，右手持穩後左手才離筷。此動作看起來很簡單，但卻能反映個人的素養。

2.餐中或餐後須放下筷子時，仍應併列橫放。筷尖朝左，頭端朝右置於筷架上。

3.若筷子附有筷套，可將它以縱排方式擺在桌邊左側，唯不可任意揉成一團。若餐桌無提供筷架，此時也可將筷套對摺成筷枕狀來充當筷架使用。

4.如果餐廳是提供衛生筷（免洗筷），若須將筷子拔開，宜拿到膝蓋上來拔開後，再置於筷架上。

5.筷子使用原則以「筷尖五分，最長一寸」為規範，其意指取食吃飯時，僅能使用筷尖約五分（1.5公分）之長度，最多不可超過一寸（3公分）。

6.日式料理較少供應湯匙，喝湯時，係直接持湯碗喝，若要食用湯碗內的食物，可以筷子夾取食用。此飲食習慣與中餐禮節不一樣。

▲日式料理店喝湯時，可直接手持湯碗喝

▲日式料理吃飯或喝湯時須把碗蓋打開，翻面朝上

▲刺身為日本料理主要特色之一

(四)碗的美學

日本料理供應湯碗食材機會甚多，因此須特別留意有關碗的生活禮儀美學。

1.日本料理在接碗或傳遞時，須以雙手為之，且身體要正面朝向對方，動作快速且不失優雅為宜。
2.日本會席料理供食時，通常是將每人份的菜餚、附蓋的湯飯碗擺在一個方型的漆盤上。若要喝湯或吃飯，須先懂得如何掀開碗蓋；若想換吃其他菜餚時，要先將蓋子蓋回去。
3.掀碗蓋時，動作要高雅，坐姿要端正。碗蓋掀起時，應以右手掀蓋並以左手扶穩碗，然後朝自己身體的方向打開，再將掀起的蓋子「翻面朝上」置於托盤右側，若湯碗置於左側，則將蓋子放在左側。
4.若碗蓋因蒸氣吸住而不易掀開時，可將右手穩住碗蓋不動，再以左手圈握碗外緣並稍加用力施壓，即可順利翻開碗蓋，唯不可僅以右手猛拉，以防湯碗弄翻，灑落桌面之窘境。

(五)日本料理美食的享用

1.刺身是指生魚片，吃生魚片時，通常應以左手持醬油碟皿，再以右手夾取生魚片沾醬食用。為享用此刺身美食風味，最好是將芥末直接塗在生魚片上，再夾取些許蘿蔔絲後沾點醬油入口食用較美味，不宜將芥末混合醬油再作為沾醬用。

2.串烤食物為日式料理特色之一。取食時，先用左手拿串燒物，再以右手持筷將串上燒烤美食取下置放餐盤後再享用。除非串燒食物取下不易或太柔軟，否則儘量避免用嘴巴直接一口咬下食用。

3.天婦羅供食時均擺盤整齊美觀，取用時須自上層取食，較不會破壞整體之美。

(六)日式餐室禮節

1.進出和室用餐區，應避免踩在榻榻米的邊緣線上。

2.入座時，須由坐墊左側進入，先以手按著坐墊支撐身體重心，再將身體移至坐墊中央後就座。離席時，腳不可踩在坐墊上。

3.入座時，不可捨棄坐墊而直接坐在榻榻米上。

4.日式料理若提供刀叉餐具時，其使用方式是以右手持叉、左手持刀為之。此餐具使用習慣與正統西餐「左叉右刀」不一樣。

第三節　健康餐飲生活美學

現代社會人們生活品味愈來愈高，非常講究時尚生活美學，唯若要享受時尚餐飲生活美學，首先須自健康飲食生活習慣的培養著手，唯有良好正確飲食觀，始能擺脫惱人的慢性病源，而享有彩色愉悅自在的樂活人生。本單元將分別以健康餐飲食物及健康餐飲生活習慣兩方面作為主軸來加以闡述。

一、食物的類別

食物的分類方式很多，若就健康養生觀之特質而言，食物可分為下列四大類：

(一)酸性食物與鹼性食物

食物依其所含礦物質營養素之類別、比重多寡，可分為兩種：

◆酸性食物

是指該類食物所含的礦物質成分當中，磷、氯、硫等礦物質含量比重較高，當這些元素進入體內經吸收轉化後，會呈現酸性反應。若因一時疏失未加控管該類食物之攝取，日積月累下來，身體及血液將呈偏酸性體質，進而產生各種慢性疾病。如鰹魚片、鯛魚卵、魷魚或穀類的米糠及麥糠等均屬之。易言之，大部分海產魚貝類及肉類等均屬於此類酸性食物，雖然其營養價值高，唯應適量攝取，以免造成身體營養超出負荷。

▲肉類及海鮮食物富蛋白質，大部分屬於酸性食物

此外，所謂「酸性食物」並不盡是指口感或口味酸之食物而言，而是指攝取後進入體內，經吸收並轉化所呈現酸性反應之食物。例如：有些有機酸如醋、檸檬或柳橙之果酸，進入體內卻呈鹼性；甜點食物口感雖甜美，唯攝取過多，進入體內即顯酸性作用。

◆鹼性食物

是指該食物所含的礦物質成分當中，以鉀、鈉、鈣、鎂及鐵等元素比重較高，經進入體內被分解吸收後，會呈現鹼性

▲蔬果類及根莖類等植物性食物屬於鹼性類食物

▲精緻甜點屬於高壓力食物

反應。由於人體正常狀態應偏弱鹼性，故平常宜多攝取此類食物。例如：蔬果類、根莖類、海藻類、菇類或大豆製品等低熱量的植物性食物。

(二)高壓力食物與低壓力食物

高低壓力食物之劃分，是指該食物經攝取後，在人體內所造成的身心反應或器官組織之負荷及變化情境而言。

◆高壓力食物

所謂「高壓力食物」，是指該類食物若經常攝取或大量取食，會對人體器官組織造成負荷或一定程度的損傷。如高脂肪、高蛋白、高鹽分、高糖分等食物。例如：香酥油炸物、醃製食品、精緻甜點或含糖量高的消暑冷熱飲品等均屬於此類食物。

◆低壓力食物

所謂「低壓力食物」，是指此類食物經攝取進入體內後，不會像前述高壓力食物所帶來的負面衝擊那樣明顯。易言之，此類食物較健康安全，唯仍應適量為宜。

(三)陽性食物與陰性食物

依中國醫藥及中醫飲食文獻，有關食物的分類法係採「陰陽二分法」來辯證論治，將食物區分為陽性（熱性）食物及陰性（寒性）食物兩大類：

◆陽性食物

所謂「陽性食物」，係指高熱量的食材，須高溫烹調，口味較重，或顏色為紅色、橘色及黃色的食物，通常吃了以後會感覺嘴巴乾燥或容易口渴的熱性食物。例如：油炸類食物、堅果、龍眼、芒果、羊肉或動物內臟等。茲將常見的陽性蔬果列表如**表7-1**。

表7-1　常見的陽性蔬果

熱性水果	蘋果、龍眼、芒果、荔枝、桑椹、梅子、榴槤
熱性蔬菜	高麗菜、南瓜、洋蔥、大頭菜、紅蘿蔔、甘藍菜、芹菜、青蔥

◆陰性食物

所謂「陰性食物」，係指生的、溫和的、須低溫烹調、白色或淡綠色的食物，能生津解渴、清熱退火及滋陰的寒性食物。茲將常見的陰性蔬果列表如**表7-2**。

表7-2　常見的陰性蔬果

寒性水果	西瓜、椰子、檸檬、奇異果、葡萄柚、鳳梨、橘子
寒性蔬菜	白菜、茼蒿、菠菜、蘆筍、苜蓿芽、青椒、紫茄、香菇、苦瓜、竹筍、胡瓜、小黃瓜、地瓜、冬瓜

(四)悅性食物、惰性食物與變性食物

若依食物經攝取後，在人體內身心上產生的刺激反應或心靈上的情緒變化而言，可分為下列三種食物：

◆悅性食物

此類食物容易消化吸收，在人體內能產生高的生命能量，且不會滋生酸性物質或囤積體內毒素。因此，食用後能愉悅身心，療癒心靈。例如：當季生鮮蔬果、豆類、堅果類、綠茶，或溫和無刺激性的天然香料如迷迭香。

▲當地當季生鮮蔬果為悅性食物

◆惰性食物

此類食物經人體內吸收後，容易使身體產生疲勞倦怠、消極怠惰或情緒亢奮等現象，為最劣等的食物。例如：會產生酸性物質的肉類、水產類及蛋類；生長在陰暗環境之菇類；具刺激性異味的大蒜或洋蔥，以及菸酒類等食品。

水產類為惰性食物

▲生產在陰暗環境的菇類屬於惰性食物

▲氣泡香檳碳酸飲料屬於變性食物

◆變性食物

此類食物具有一定程度的刺激性，攝取後會讓人身心或情緒產生變化，故稱之為「變性食物」，如咖啡、濃茶、辛辣辛香料、巧克力、可可、可樂或碳酸飲料等，均具有提神醒腦的功能。唯若超量飲用攝取，將會產生許多負面身心反應如心悸等。

二、健康餐飲生活習慣

國人飲食習慣有進補的傳統習性，除了日常三餐外，還外加食補或營養素等補品，往往吃得過分營養，卻又缺乏運動，因而體內囤積太多「營養廢物」，經腸道吸收而產生毒素，致使現代人罹患慢性病的機率大增。有些女性朋友為求美感而不當減肥瘦身，如三餐僅吃水果，以致出現內分泌失調之病症。

行政院衛福部為建議國人養成良好健康飲食生活習慣，特別訂定「國民飲食指標」及「每日飲食指南」，建議國人在飲食生活方面要均衡攝取六大類食物，以及少油炸、少脂肪、少醃漬、多喝開水並避免含糖飲料；每日最好攝取1/3全穀食物。此外，尚須注意食材產地來源及標示，以確保食品衛生安全。茲將健康餐飲生活應遵循的基本原則，分述如下：

▲每日攝取足量蔬果以均衡飲食

(一)均衡飲食，每日攝取六大類食物，並多運動

所謂「均衡飲食」，係指六大類食物即全穀根莖類、低脂奶類、豆魚肉蛋類、蔬菜類、水果類及油脂與堅果種子類的食物，每日每種營養素均須攝取符合個人所需的量，並使所攝取的熱量與所消耗者能均衡。因此，每日至少須運動三十分鐘藉以消耗體內熱量，幫助毒素排泄，以增進新陳代謝之效益。

(二)全穀根莖當主食，少葷多素少精緻，健康更升級

全穀根莖類食物是人體最佳熱量、維生素、礦物質及膳食纖維等營養素之來源，每日至少有1/3為全穀類，如全麥、糙米等，對人體健康甚有助益。每日飲食應以植物性食物為主食，避免以肉類為主菜。此外，儘量攝取新鮮粗食少吃加工之精緻食品，如白米、麵粉或甜點蛋糕等。因為現代加工食品在精製過程中，會將人體所需的營養物質及纖維質去除，甚至還滲入徒增健康負荷之添加物來增加外觀或口感。

▲高脂高鈉的漢堡、薯條、炸雞等速食品少吃

▲多選用當地天然安全食材，以減少碳哩程

(三)太鹹不吃，少醃漬；低脂少炸，少沾醬

醃漬食品、鹽、醬油等含鈉成分高，若經常攝取含高鈉的食物或加工品，則易患高血壓並增加腎臟負擔。至於高脂肪食物，如肥肉、五花肉、香腸、肉燥或油酥類食品等高脂食物，易造成肥胖、脂肪肝及心血管疾病，不僅徒增中風及癌病風險，更容易加速老化。

(四)含糖飲料宜避免，飲酒要適量

水分是維持生命必要的物質，不僅可調節體溫、幫助腸胃消化吸收，運送身體所需養分，更可排毒及改善便祕等功能。唯不應為補充水分而攝取大量含糖飲料來取代白開水，以防血糖偏高。此外，若要飲酒也須適量，絕不可醉酒而傷身誤事，更不應酒後開車誤己誤人。

(五)多選用當季當地天然安全食材

孔子曾說過「不時不食」，即指非當時節令生產的食材就不吃。此飲食觀與現代強調「當季當地生產食材」不謀而合。慎選當季自然

節氣蘊育而生的食材，不僅新鮮，品質穩定且價錢也較便宜。採用在地天然食材，又能減少長途運輸之能源耗損，符合食物哩程之原則。唯購買時，最好以有產銷履歷認證或有機食材為佳，尚須留意保存期限。

(六)慎選適當的烹調方式

子曰：「失飪不食」，意指食物若採用的烹調法錯誤，也不要吃，例如：鴨肉性寒，宜用火烤或添加熱性食材來烹調較對味，如烤鴨、薑母鴨之美食烹調方式即是例。現代人為求健康養生，所選用食材之烹調製備方法，宜儘量多以汆燙、蒸煮、煎炒等來替代高溫油炸方式，以減少油脂量之攝取，並可確保新鮮食材營養素免被破壞。

▲食材烹調方式應以汆燙、蒸煮來替代油炸

二、素食飲食的基本原則

國人素食人口激增，為使素食者也能獲取均衡飲食健康，衛福部也提出「素食飲食指標」，期盼在素食養生時，也應恪遵下列原則：

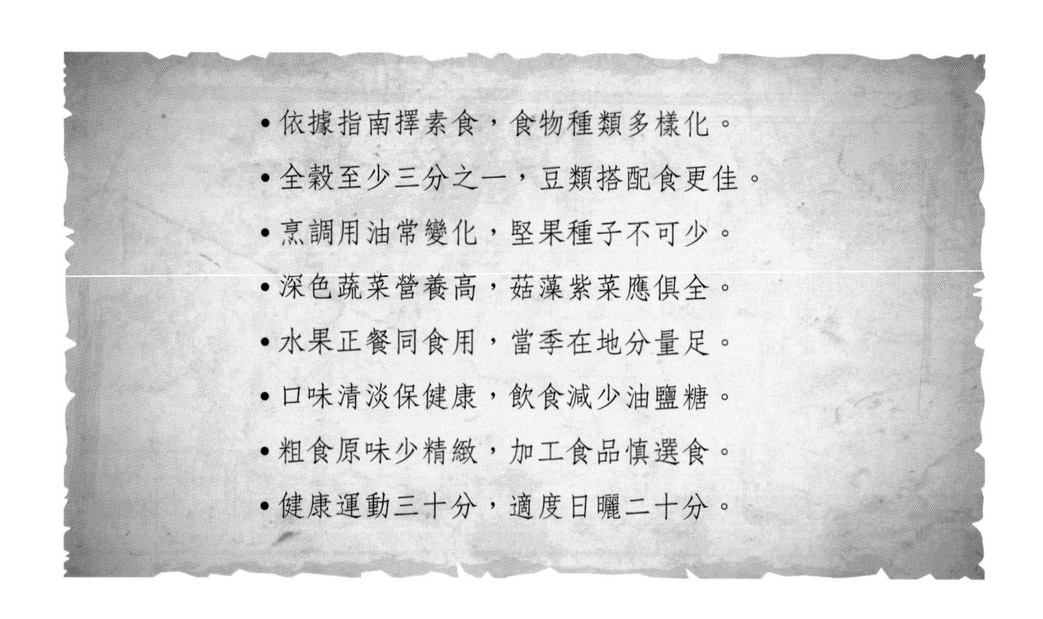

- 依據指南擇素食，食物種類多樣化。
- 全穀至少三分之一，豆類搭配食更佳。
- 烹調用油常變化，堅果種子不可少。
- 深色蔬菜營養高，菇藻紫菜應俱全。
- 水果正餐同食用，當季在地分量足。
- 口味清淡保健康，飲食減少油鹽糖。
- 粗食原味少精緻，加工食品慎選食。
- 健康運動三十分，適度日曬二十分。

三、得舒飲食

得舒飲食（Dietary Approach to Stop Hypertension, DASH），係源自美國，為有效降低血壓的飲食治療方法。得舒飲食的精神是生活習慣而非食譜，它強調一個人若想遠離高血壓、防範腦中風、骨質疏鬆、大腸癌或心臟疾病，務必在平日多攝取高鉀、鎂、鈣、高膳食纖維、足量的不飽和脂肪酸，並節制飽和脂肪酸的食品，透過攝取多種天然營養素，來全方位改善體質，達到健康的生活。茲將台灣版的得舒飲食五原則摘介如後：

(一)選擇全穀根莖類

主食儘量採用含麩皮的全穀及根莖類食物，如糙米、燕麥、蕎麥、紫米、薏仁、綠豆、紅豆、地瓜、芋頭及馬鈴薯等食材。此部分的需求量約占每日主食類食物三分之二以上，期以獲取高膳食纖維等營養素。

▲天天五蔬保健康

(二)天天五蔬五果

每天須攝取五份以上的蔬菜和五份以上的水果，最好能選用五行五色之蔬果為上選。例如：莧菜、韭菜、菠菜、空心菜、金針菇、竹筍、蘆筍、奇異果、芭樂、桃子、香瓜、椪柑、哈密瓜及香蕉等蔬果含鉀甚豐富。

(三)多喝低脂乳

牛乳營養成分多，含鈣量多，可多喝鮮奶。唯為避免體內吸收過多脂肪，可選用低脂乳來飲用。

(四)副食以豆類製品、白肉為主

所謂「白肉」，是指魚肉及去皮的雞、鴨、鵝肉等禽肉。最好少吃牛、羊、豬等紅肉及內臟；除非年輕運動員，否則一天最好不超過半顆蛋。

(五)吃堅果，用好油

每天最好吃一湯匙量的核果、種子等堅果，如花生米、芝麻、腰果、松子、杏仁或核桃仁等。至於調理用油，最好慎選各式植物油，如橄欖油、葵花油、芥菜油、苦茶油或沙拉油。平時飲食生活習慣少吃油炸、油煎或含過多飽和脂肪的食物，如炸薯條、炸雞、三層肉等。

第四節　品酒美學

餐飲美學已成為現代社會人們追求生活品味不可或缺的一環，除了追尋各式各樣獨特且難忘的美食體驗外，更重視酒與食物之搭配以及品酒美學的時尚生活藝術。

一、葡萄酒的種類

葡萄酒是由葡萄經壓榨汁液自然發酵而成的一種活的有機體，它有一個生命週期，即由出生、成長、成熟，期間可能會生病或復元，甚至死亡。在葡萄酒中的活細胞即為酵母菌，因此法國著名化學細菌學者Louis Pasteur（1822-1895）說過：「葡萄酒是種有生命的飲料。」目前市面上常見的佐餐酒，通常是以下列葡萄酒為主，介紹如下：

(一)白酒（White Wine）

白酒為白葡萄酒之簡稱，主要是以白葡萄為原料釀製而成，有時也可加入紅葡萄，唯須在發酵前先去除含有色素的紅葡萄皮或梗。適飲溫度為10～12℃，酒精濃度均在15%以下。

(二)紅酒（Red Wine）

紅酒為紅葡萄酒之簡稱，主要是以紅（黑）葡萄為原料，透過發酵作用，會將葡萄皮的色素浸泡出來而呈紅色；由於含有單寧酸，所以帶有些許的澀味。適飲溫度為15～18℃，酒精濃度均在15%以下。

陳年紅酒有時會產生來自單寧酸或色素的沉澱物。因此在倒酒前須以醒酒瓶來將此雜質分離出，避免苦澀味及影響進餐情趣。

(三)玫瑰紅酒（Rosé Wine）

玫瑰紅酒因酒液呈粉紅色而得名，其顏色是因紅葡萄皮浸泡發酵

▲玫瑰紅酒冰鎮飲用風味更佳

▲圖為香檳酒，全球氣泡酒以法國香檳區最有名

時間較短，當酒液顏色呈粉紅色時，即將紅葡萄皮除去，再繼續發酵而成；另有一種製法是將紅葡萄與白葡萄混合作為釀酒的原料。適飲溫度為10～12℃。

(四)香檳酒（Champagne）

香檳酒是指產於法國香檳區的氣泡葡萄酒而言，它是將經過一次發酵的葡萄酒，予以添加糖及酵母菌後再裝瓶，使其在瓶中產生第二次發酵，其氣體自然溶入酒液，因而有氣泡。若非法國香檳區生產的氣泡酒，則不可稱為「香檳酒」，僅可稱其為某品牌的氣泡酒。適飲溫度為6～8℃。

薄酒萊浪漫日

對浪漫的法國人來說，每年11月的第三個禮拜四是個值得歡慶的日子，因為11月初，法國薄酒萊將陸續裝運分送至世界各大城市，而全球也在當天同步舉行開酒儀式，因此全球酒黨也將當天訂為「薄酒萊日」。

薄酒萊區（Beaujolais）係法國著名紅酒產區之一，位在勃根地南部的小鎮。此區酒莊所種植的葡萄是採用與眾不同的嘉美（Gamay）葡萄品種為主，經由特殊發酵方法將此葡萄釀製成風味清新、芳香不澀、清淡爽口、單寧酸低的紅酒。

此種未經橡木桶儲存發酵的紅酒，以每年9月間採收的新鮮葡萄釀製，並於同年11月的第三個星期四在全球同步上市，並舉行盛大開酒儀式。由於此區所產的紅酒，自採收、釀造、裝瓶上市銷售等全程甚短，因此將此區所產的紅酒冠以薄酒萊新酒（Beaujolais Nouveau）之美譽。

▲法國薄酒萊新酒

二、酒與食物的搭配

酒與食物的搭配並沒有絕對的標準，完全視個人需求與喜好而定。唯餐桌若須供應兩種以上之葡萄酒，則應遵循下列常見的原則：

(一)葡萄酒與食物的搭配方式

葡萄酒與食物之搭配方式很多，較常見者計有：

1.白酒：搭配白色肉類、魚類、海鮮等較清爽口味的食物。
2.紅酒：搭配紅色肉類、野味等口味較濃郁之食物。
3.玫瑰紅酒：可搭配紅、白肉類，甚至各類食物，為一種中性酒。
4.香檳酒：適宜在喜慶宴會飲用，可搭配各類食物。

▲紅酒為最受歡迎的佐餐酒

(二)餐中選用兩種以上葡萄酒之原則

為提升餐飲美學素養，增進用餐情趣，若餐中同時擬供應兩種以上的酒類時，須遵循下列原則：

◆**變化原則**

除了香檳酒，如澀而不甜之香檳外，前面已供應過的酒，不宜再供應同一種酒，除非年份不同。此時，可先供應新酒，然後再供應老酒。

◆**韻律原則**

飲用葡萄酒時務必「先淡後濃」、「先澀後甜」、「先新後老」，以免前面剛喝過的酒蓋壓過後面喝的酒。唯香檳酒須先喝老酒再喝新酒，否則新香檳酒無法彰顯出其生命活力。

◆**調和原則**

調和是指酒與食物要搭配，即清淡的菜餚要選用清淡的酒，味重的菜則須搭配濃郁的酒。例如：喝葡萄酒勿搭配含醋的食物，以免美酒變苦酒。

食物與酒若搭配得宜，不僅可增進用餐情趣，更可彰顯美酒佳餚之意境，茲將常見的食物與酒的搭配組合，列表說明如下：

酒與食物之搭配組合

酒類	酒名	食物	儲存溫度	酒精度
餐前酒 開胃酒	雞尾酒（Cocktail） 不甜雪莉酒（Dry Sherry） 不甜苦艾酒（Dry Vermouth）	開胃菜 湯道	冷藏4～5℃	16～20%

酒類	酒名	食物	儲存溫度	酒精度
佐餐酒 白酒	波特酒（Port） 白勃根地酒（Burgundy） 白波爾多酒（White Bordeaux） 夏布利酒（Chablis）	魚類 蠔類 雞類 蛋類 海鮮	冷藏4～5℃ 約2～4小時	10～14%
佐餐酒 紅酒	瑞士紅酒（Swiss Red Wine） 波爾多紅酒（Bordeaux Red Wine） 維爾帝萊茵酒（Valteline） 勃根地紅酒（Red Burgundy）	牛排 豬肉 禽肉 野味	室溫18～21℃	10～14%
餐後酒	波特酒（Port） 甜雪莉酒（Sweet Sherry）	水果 核果	室溫18～21℃	20%
香檳酒 氣泡酒	香檳酒（Champagne） 各國氣泡酒	可搭配任何 食物		10～14%

三、品酒美學

品酒的要領如同品茶一般，須依視覺、嗅覺、味覺的先後順序，依次鑑賞之，茲摘述如後：

▲舉杯對著光源，傾斜杯子來觀賞色澤，為品酒的第一步驟

▲鑑賞葡萄酒第二步驟為鑑賞酒芳香之氣

▲先含少量葡萄酒在口中並咀嚼酒液，然後入喉，藉以體驗酒液的口感及喉韻

(一)色澤

品酒的第一步驟為先觀賞色澤，可將杯子對著光源或白色背景，傾斜杯子來檢視顏色是否清澈，並觀賞其色澤之美感。

(二)香氣

葡萄酒的品質鑑定，芳香度約占三分之二，鑑賞時，須將杯內酒液成漩渦般打轉，使葡萄酒液表面與空氣能充分接觸，然後將會由杯內側面散發出一股酒的芳香。

(三)濃度

鑑賞濃度時，可將杯子成漩渦打轉，並注意酒液由杯緣側面往下滴流之速度，若濃度高則較慢，反之則流動快。酒液濃度愈高，其品質愈好。

(四)喉韻

鑑賞喉韻，可先含少量葡萄酒在口中潤喉，並實際咀嚼酒液，將其暴露於舌頭所有味蕾。舌前端決定其甜味，後端知覺其苦味，舌頭兩側可嘗出其酸、澀味。理想的酒液其酸度適中，喉韻佳，能帶給人一種舒適感。

學習評量

一、解釋名詞

1.三P

2.State Banquet

3.DASH

4.Beaujolais Nouveau

5.Champagne

二、問答題

1.有關生活禮儀的宴會席次安排，你知道須遵守哪些基本原則嗎？試述之。

2.我國在飲食文化圈中，係屬於筷子文化，你知道如何正確使用筷子，始能符合生活美學嗎？

3.如果在宴會進行中，你想要暫時離席，此時餐桌上的刀叉餐具及口布，你認為該如何擺放較合乎生活美學？

4.依健康養生觀之特質分類，食物可分為哪幾大類？

5.「得舒飲食」所強調飲食五原則是指何者？試摘述之。

6.如果餐會中想選用兩種以上的葡萄酒，你認為須遵循哪些原則，始能符合品酒美學之風格？試述己見。

Food
CHAPTER
8

& Beverage Aesthetics

東方餐飲文化美學

單元學習目標

- 瞭解中國餐飲文化美學的特色
- 瞭解中餐菜餚的審美標準
- 瞭解日本餐飲文化美學的特色
- 瞭解韓國經典名菜的特色
- 瞭解泰國料理烹調美學
- 培養東方餐飲文化的欣賞能力

餐飲文化是指一個國家、地區或民族的維生食物、飲食器具、烹調技術、飲食心態、價值觀及飲食生活習慣等而言。由於種族、國情、自然及地理環境不同，因此所孕育而生的餐飲文化也有差異。一般而言，東方餐飲文化是屬於筷子文化，也是鍋文化，如中國、日本、韓國及台灣等地均屬之。本章將分別針對最具代表東方餐飲文化美學特色的中國、日本、韓國及泰國等國來介紹。

第一節　中國餐飲文化美學

中國菜之所以風靡全球五大洲，並被公認為全世界三大名菜之一，深受世界各國人士喜愛，究其原因就是中國菜不僅重視外在視覺美，更強調內在質地美及口感美。易言之，中國餐飲文化美學歷經五千多年悠久歷史及文化之薰陶，已成為最具東方美學特色之綜合藝術體。

一、中國餐飲文化美學的特色

中國餐飲文化講究醫食同源、人倫教化、均衡飲食及「色、香、味、形、器」的綜合藝術美學。茲分述如下：

(一)主食與副食相結合

中國傳統文化講究均衡與和諧美。因此，在食物的選擇上其種類之多為世界之最，期以透過各種不同地域、不同類別或特性的食物來作為烹調食材，以達陰陽調和之美的境界。此外，在飲食結構中，每一餐均以五穀植物性食物為主食，約占一餐分量60～70%；副食則以蔬菜加上少許肉類，約占25～30%；零食較少，僅占10～15%。無論主副食結構比例如何，中國飲食的特性是以熟食、熱食為主，生冷食物為輔，甚至很少食用。

▲中國傳統飲食習慣以熟食為主，冷食為輔

▲美食須與美器相結合，此為中華美食文化形式美的展現

(二)烹調與美味相結合

中餐烹調係以味為核心，經由《尚書》的「鹹、苦、酸、辛、甘」食物五味的追尋來達養生、怡情養性之功。例如《呂氏春秋》：「伊尹『善五味』、『五味調和百味香』。」此外，中國古代飲食文化不僅講究烹的技巧，如水煮的燉、煨、燒、扒；油脂的煎、炒、爆、炸；熱源的焗、烤、蒸、燻。更兼顧調和、調味及時序時令之變化。

(三)美食與美器相結合

中國飲食文化之美，乃在講究菜餚美食的視覺藝術，經由精美巧意的食器來襯托出美食之美。因此，自古以來，美食家們即自文化、藝術及美學的角度，力主美食與美器間的統整和諧，以達「禮」的規範及「美」的意境。例如：歷代盛酒的器具杯皿，不僅質地、造型互異，且在紋飾、圖案、線條及規格式樣等均具藝術美及實用美。

清代美食家袁枚在《隨園食單》一書中，更具體提出美食與美器的搭配原則：「宜碗者碗，宜盤者盤，宜大者大，宜小者小」；「大抵物貴者器宜大，物賤者器宜小；煎炒宜盤，湯羹宜碗，煎炒宜鐵銅，煨煮宜砂罐」。上述搭配原則既美觀又實用，既精鍊又生動，既符合科學又兼顧藝術美學。此為中華美食文化器具美的具體展現。

▲中國養生之道以五種不同的水果來補助五穀維生素營養之不足

▲中國飲食文化特色重視蔬菜穀物的素食養生觀

(四)食療與養生相結合

中國餐飲烹調是以味為核心，以養為目的。戰國時代《黃帝內經》一書記載「五味之美，以養五氣」、「無病食養、有病食治，無效再命藥」。此外，中餐烹飪體系自選料、刀工、火候、風味，一直到「五穀為養、五果為助、五畜為益、五菜為充」的合理膳食結構，其原意為：以五穀來養五臟之氣；以五種動物性食物來增補五穀植物胺基酸之不足；以五種水果來輔助五穀養人之氣，最後再以五種蔬菜（鹹性）來補充增加維生素，充分展現醫食同源之養生觀。

(五)品飲與養性相結合

古代文人雅士為陶冶心性，經常以烹茶飲茗或邀客舉杯共飲，以茶會友來發展茶道藝術，藉以增進社交飲宴的情趣與氛圍。

(六)筵席與人倫教化相結合

中國古代飲宴活動較具規模者，均以年節宮中舉辦之宴席最為隆重。如清朝康熙年間盛行的「千叟宴」，有上千賓客參加，經由大會主人皇帝賜宴、賜酒、頒賞，眾賓客紛紛叩頭謝恩，此情景人倫教化之意已昭然若揭了。

二、中國菜餚的審美觀

「色、香、味、形、質」為中餐菜餚烹調的主要特色，它不僅是建構中餐菜餚品質的五大要素，也是評鑑中餐美食的主要依據及標準，唯其中以味道美及質感美為最重要，其評鑑所占百分比也較高，說明如下：

(一)味之美（40%）

係指菜餚的主副料、勾芡汁及湯的酸、甜、鹹、辣、香及鮮等單一味和複合味，須能突顯出食材原料的自然風味或本味，並經由調味後能更加美味適口。

菜餚為達到味之美的境界，其食材之選用甚重要，不僅要新鮮且質地要好；刀工厚薄適中，便於入味出味；主料及配料須搭配合宜，投料及火候要精準，始能達到「久而不弊，熟而不爛，甘而不濃，酸而不酷，鹹而不澀，辛而不嗆，肥而不膩，淡而不薄」，且涵蓋香味在內的「味之美」。

(二)質之美（30%）

所謂「質之美」，係指菜餚給予人的口感要好。易言之，是指當

▲中餐味之美是由主副料、勾芡汁及各類調味所形成

▲中餐菜餚味之美取決於選料、刀工、投料及火候

▲烤鴨皮要脆、肉要嫩，始具質之美

▲中餐菜餚除講究色香味外，更重視擺盤構圖之形制美

菜餚入口後，所帶給人在咀嚼時那種美妙的感覺，即質感美。例如：爆雙脆要脆、烤鴨皮要酥、油雞要嫩。唯有食物經由口腔咀嚼及舌頭味蕾的觸覺，人們始能體驗到食物鮮美滋味，此乃質之美。菜餚要達到「質之美」，除了精心選料、加工、刀工等初步作業外，尚須對油溫、火候等能熟練掌握及靈活運用烹調基本功。若任何環節稍有閃失或操作不當，均會影響菜餚的質感，尤其是前述的油溫及火候二者為菜餚質感美最為重要的關鍵。

(三)色之美（15%）

係指菜餚的主食、副食、配菜、佐料、醬汁或湯汁等食材之顏色要亮麗、色澤柔美外，更要選用適當色調的裝盛容器，力求統整和諧之美，菜餚的顏色可運用五行五色如黃、紅、白、綠、黑等來配搭運用，透過對比或韻律，期以營造秀色可餐之視覺效果。

▲菜餚顏色可運用五行五色的手法來營造色之美

(四)形之美（15%）

係指菜餚主副食的形狀、外觀、造型，以及整體擺盤的構圖，能否營造出吸引人的視覺美感，如比例、位序主從正確的食材擺設，使整盤菜餚宛如巧奪天工的精緻藝術品。

第二節　日本餐飲文化美學

日本餐飲文化深受中國的影響，也是屬於飲食文化圈之一的筷子文化。事實上，日本主要文化係源自中國唐宋時代，其餐飲文化生活習慣與我國極類似，唯在飲食心態及任事態度等行事風格，較之中國嚴謹且專注，並具體展現在對大自然食物的尊重及貼心的料理烹調藝術美學上。

一、日本傳統飲食

日本文化對人與社會群體及人與大自然的關係相當尊重，並將此精神表現在飲食生活及烹調料理的製作。日本「和食」強調自然風味之清淡芳香，重視食材與食器之視覺藝術表現，並能配合時序時令之變化，以陰陽五行五色來善加襯托。如夏天是採藍、白清涼色調；冬天則採溫暖的紅、黃、黑等色系來搭配形塑其烹調料理，因此在西元2013年正式被納入世界非物質文化遺產名錄中。

日本傳統食材主要是米飯及魚類。魚類及海鮮為日本人最重要的蛋白質來源，而非肉類。日本料理店所供應的餐食主要是以懷石料理為主，另外尚有寺廟供應的精進料理及祭典喜慶專屬的本膳料理。

▲日本和食極重視食材與食器之視覺藝術

二、日本懷石料理

日本料理當中以懷石料理最具代表性，茲就其上菜順序及料理特色，介紹如下：

(一)前菜（Zensai）

係由三、五或七種不同的佐酒小菜所建構而成，通常是以五味調配混搭，如「酸、甜、苦、辣、鹹」來喚醒舌頭的味蕾並刺激食慾。

(二)吸物（Suimono）

係以當季海產植物或海鮮類食材所熬煮的清香淡味的湯道食物。供食服務時，吸物須加上碗蓋上桌，但並不另附湯匙，直接端碗飲用。

(三)刺身（Sashimi）

係指生魚片，通常每一客分量由二至三種不同色澤的魚類或海鮮肉所組成，如鮭魚、鮪魚及花枝等海產。供食服務時，尚搭配白蘿蔔絲、黃綠色山葵及紫蘇三項為配菜佐料，並統稱為「妻」（Tsuma），意指配菜。

(四)煮物（Nimono）

係指烹煮的熱食，其煮法有二種：關西煮湯汁較多，味較淡，在日本較受歡迎；關東煮湯汁少，味偏濃厚。

(五)燒物（Yakimono）

係指炭烤類的菜餚，通常以在炭火上直接燒烤較受歡迎，其味道較佳。

(六)揚物（Agemono）

係指油炸類菜餚，如炸蝦、炸魚及炸蔬菜等，供食服務擺盤時，

▲日本刺身料理通常由多種不同的生魚片所組成

▲炸豬排與御飯

均須遵守位序主從原則，即炸蝦在前，炸魚居中，炸蔬菜在後。至於配菜是以白蘿蔔泥及汁液等為之。取食時，可直接將炸物沾取食之。

(七)蒸物（Mushimono）

係以水蒸氣作為熱源來蒸煮的菜餚，如常見的茶碗蒸。

(八)醋物（Sunomono）

係指涼拌菜，通常是以白醋、香油及其他調味料等來加以拌攪的涼菜。

(九)御飯（Gohan）

係指米飯，通常是以精緻的飯碗裝盛香Q口感的日本越光米，米飯上會灑放一些黑芝麻粒來點綴裝飾，具有視覺美之藝術風格。

(十)果物（Kudamono）

係指飯後水果，通常為水果切盤。

日本和食——世界非物質文化遺產

聯合國教科文組織（UNESCO）在西元2013年12月正式將「和食」納入世界非物質文化遺產名錄，該組織認為：和食代表了日本人敬重自然的精神，它作為日本的傳統習俗，代代相傳，日本「和食」的特徵，可歸納為以下四點：

1.多樣化的新鮮食物，珍視食物特有的味道

日本各地均善用其本地的食材，並能有效利用能彰顯食材原味的烹調技術和出色的餐具。

2.營養均衡而有益於健康的飲習習慣

日本和食重視均衡營養，日本料理中最基本的一餐為三菜一湯，飲食結構最理想。為有效利用食材的「鮮味」抑制了動物脂肪的攝取，對日本人長壽及肥胖預防有相當的助益。

3.表現自然之美和四季輪換

日本料理以應時令的花草、枝葉點綴菜餚；室內布置及碗碟餐具也因時令季節而異，讓人們在飽嚐美食同時也能體驗春、夏、秋、冬的自然之美。

4.和食與傳統節慶密切結合

日本飲食文化是和正月等傳統節慶活動密切結合而發展出來。人們透過分享自然的食材、共度用餐時光，加深親人間的感情，增進地區間的聯繫情誼。

▲日本美食重視春、夏、秋、冬自然之美

三、日本料理常見的重要食材

日本料理所採用的食材及烹調技術深受中國之影響，當今日本許多農作物如稻、甘蔗、扁豆、柑橘、梅及白菜等均是由中國引進。此外，很多食品加工技術如麵條、饅頭、包子及糕點等也大量引入日本，如唐灰汁麵即是例。茲將日本料理主要食材，摘介如下：

(一)穀類食物

如米、小麥等食物。米為日本人的主食，其次為以小麥為原料加工而成的各類麵食，如拉麵、蕎麥麵及烏龍麵等。日本的拉麵已成為當今日本料理的特色品牌，常見者有三大拉麵：

1.北海道：味噌拉麵，香濃味重，是以雞骨、豬骨作高湯。
2.東京：醬油拉麵，油味重，以柴魚、海帶及雞骨為高湯。
3.函館：蔬菜拉麵，輕淡口味，以鹽味為主，強調湯頭，滋味鮮美。

▲北海道味噌拉麵香濃味重

(二)魚、肉、蛋及豆類食物

日本人的飲食習慣，對於生鮮海產類食材，如活魚、蠔、花枝或貝殼類食物等均較偏愛沾醬生食。肉類方面較偏愛豬肉、牛肉及雞肉，如炸豬排、松阪牛或各種肉類丼飯。豆類食材及其加工製品，如納豆以及味噌、醬油、豆腐等大豆食材為日本料理極為重要的食材，也是日本人日常飲食生活中不可或缺的民生必需品。

(三)海藻類食物

海藻類食物在日本料理中經常出現，使用方式多樣化，可謂日本料理特色之表徵。例如：海苔、昆布等藻類食材為日本熬製高湯必備食材外，也可作為醃漬小菜或下酒菜。此外，日本料理常見的壽司、手捲或御飯糰等知名食物均少不了海苔此要角，甚至在供應白米飯上面也會點綴海苔或黑芝麻，除了增進口感外，更具視覺美。

▲日本料理常見各種壽司

四、日本料理的烹調特色

日本料理的特色為清淡、不油膩、質鮮量少，並講究盤飾與容器之美。茲摘介如後：

(一)講究五味

即酸、甜、苦、辣、鹹。依食材的特性採單一味或複合味，予以均衡調和，使其更具獨特鮮美清淡之風味。

(二)運用五法

即生、烤、煮、炸、蒸。日本料理的烹調方法較簡單，因此其菜餚烹調較不費功，也較趨於清淡自然風格。

(三)善用五色

即黑、白、紅、黃、藍，此為來自中國易經陰陽五行之思維，也是當今日本傳統色調之主流。

▲日式料理講究輕淡自然風格

▲日本懷石料理重視五味、五色及五法之烹調藝術

(四)重視結構美

重視菜餚裝盛容器之搭配，追求形制美及器具美的餐飲藝術美學。日本料理所使用的餐具，無論在精緻度或數量上，均為舉世公認最具特色與最多樣化。此外，日本料理的食物，通常已加以切割成一小片或一小塊，能以筷子夾取並能一口吃下的大小為原則。因此，餐桌上所使用的餐具是以筷子為主，很少擺設湯匙，除非供應「茶碗蒸」此菜餚時，才會另附小茶匙。日本人喝湯是直接取湯碗來喝。

(五)善用食材配合季節變化

菜餚之供食重視春、夏、秋、冬時序之自然美及節奏美。重視湯類高湯之烹調技藝，如北海道知名的味噌湯（Miso），以及以柴魚、昆布、佐料來搭配濃郁豬骨、雞骨所熬製之高湯。

▲日式料理極講究湯類的烹調技藝

第三節　韓國餐飲文化美學

韓國另稱高麗或朝鮮，為三面環海的半島國家，其文化深受中國中原漢文化影響。但歷經一段漫長歲月之蛻變下，也孕育出獨特的餐飲文化。近年來，韓劇越洋而來，在台掀起一股「哈韓」風潮，韓國料理店也快速在台成長，成為國內知名異國風味料理之一。茲將韓國餐飲文化及其較具代表性之佳餚，予以摘介如後：

一、韓國傳統飲食

中國古代典籍《三國志・東夷傳》有文獻記載：「高麗人擅長製作酒、醬、醬汁等發酵食品」。由此可見，古代韓國人對於食品加工的廚藝技術已相當成熟。語云：韓國飲食文化的三大特色為——「米食、泡菜、狗肉」。

事實上，韓國餐飲文化為筷子文化及米食文化。韓國人的主食為米飯，並以泡菜為副食。韓國人刻苦耐勞、節儉樸實，有些平民百姓一餐只吃一大碗白飯，佐以泡菜或一根小黃瓜即溫飽。唯因氣候嚴寒，韓國人喜歡吃狗肉，平均每年吃掉200萬隻狗，甚至設專區養殖來確保資源無缺，韓國飲食文化中的吃狗肉習俗雖略顯突兀，唯仍應予以尊重，誠如西方人士將牛當作佳餚，但卻在印度被視為國寶般禮遇，此乃文化價值觀之差異而已。

二、韓國知名料理

韓國餐飲文化中，較具代表性的料理首推泡菜、烤肉、拌飯、冷麵、火鍋及人蔘雞等。

▲韓國傳統飲食文化料理

▲韓國烤肉是由顧客將已醃過的肉類自行在烤盤上炙烤

(一)韓國泡菜

韓國泡菜已在西元2013年榮列世界非物質文化遺產，其泡菜通常是以大白菜、白蘿蔔為主要醃漬食材，有些另加上小黃瓜來醃製，並在醃漬前添加各類辛香料作為調味佐料，如辣椒、蔥、薑、蒜、鹽及糖等來醃漬。泡菜醃漬過程中，會產生發酵作用而孕育出具有酸味的乳酸菌，對人體健康有助益。由於泡菜醃漬所選用食材之不同，而有下列各類韓國泡菜：大白菜泡菜、蘿蔔泡菜、小黃瓜泡菜及綜合泡菜等多種。

(二)韓國烤肉

韓國烤肉通常會將肉類食材先醃漬入味，再將已醃過的肉類自行在烤盤上炙烤。食用時，則以特製的剪刀，將烤熟肉剪成塊狀，再將烤肉置於生菜上，然後自行依個人口味，酌加蔥、蒜、辣椒或芝麻醬等佐料，再包捲起來送入口，其口感之美，值得按個「讚」。若在餐廳點韓國烤肉，通常還會附贈各式免費泡菜供享用。

(三)韓國冷麵

韓國烤肉餐廳通常會提供此道料理作為主食，讓顧客吃完烤肉美食大餐後，能以冷麵來作陰陽調和，去除火氣並調和口感。

通常冷麵所採用的佐料為肉類、蔬菜、水煮蛋或其他食材，至於所使用的麵條原料計有蕎麥及馬鈴薯兩種。例如：平壤式冷麵是以蕎麥為食材；咸興式冷麵則以馬鈴薯來製作。

(四)韓國拌飯

「韓國拌飯」為一道典型韓國庶民美食，其特色是將白米飯以大飯碗裝盛後，再將黃豆芽、肉類、蛋類及蔬菜等副食覆蓋在白飯上面。食用時，再酌加辣椒醬等辛香料，並加攪拌而食，堪稱經濟實惠。若是在餐廳點選此道料理時，通常飯碗是以滾燙的專用石碗公來裝盛米飯及覆上前述各項副食食材，在攪拌時，迎面而來的是陣陣香噴噴的拌飯米香，鍋底所殘存的鍋巴更具口感美。

▲韓國拌飯

(五)韓國火鍋

韓國火鍋為韓國家庭最受歡迎的家常菜料理，也是宴請賓客必備的菜餚之一。韓國火鍋最常見的有：豆瓣火鍋、泡菜鍋、什錦鍋及海鮮鍋等多種，其中以香肉火鍋較具爭議性，但也較受韓國人喜愛。

(六)韓國人參雞

韓國人參雞為韓國最具盛名的美味補身益氣佳餚，其製作方式是將童子雞腹腔內塞入糯米、人參、大棗及大蒜等食材後，再慢火燉煮，為知名補品料理。

第四節　泰國餐飲文化美學

泰國位居中南半島中央位置，北部為山區鄰緬甸；南部為魚米之鄉，湄南河流經該區，靠近馬來西亞；東北部則與寮國為鄰。由於得天獨厚的優越地理位置，氣候宜人，物產豐富，因此衍生出四大菜系，雖均源於南洋風味菜色，但卻能擷取鄰近周邊國家料理精華並加發揚光大。

近年來，泰國政府積極推展泰國美食觀光，禮聘法國名廚運用西式烹飪技術將其傳統菜餚加以改良創新，並將泰式料理注入生活藝術美學之內涵及形象包裝，期將泰國美食推進國際舞台。

一、泰國傳統飲食

泰國人的主食為當地特產的茉莉香米或糯米，副食為魚、肉、海鮮、蔬果及咖哩等辛香料。由於泰國為佛教國家，為追求心靈和諧，慣於將海鮮及肉類剁為碎塊，再烹煮料理食用，避免整隻蝦或整塊肉入菜。此外，泰國人也喜歡吃麵條，唯該麵條是以糯米為原料而非麵

▲泰式炒河粉

▲泰式海鮮麵

粉，類似台灣常見的粄條或粿條，例如泰式炒河粉或海鮮麵所採用的粿條即是例。

泰國人平常飲食生活，慣用右手，並認為左手不潔。平常用餐吃飯極簡單，唯一定要喝湯，其口味偏酸、辣、鹹。副食佐菜食材偏愛雞肉、豬肉、魚蝦、貝類及當地蔬菜和水果，但並不喜愛牛肉。

二、泰國料理的特色

泰式料理源自南洋菜系，其特色為講究「酸、辣、鹹、甜、苦」五味調和，但以「酸、辣、鹹」為主要基調。由於地理位置幅員廣大，因而衍生下列四大菜系：

(一)泰國南部菜

泰國南部因鄰近馬來西亞，因此在食材選擇及飲食風格等深受其影響，故烹調口味為濃帶酸。例如：泰式黃咖哩及魚咖哩等料理均為代表菜餚。

▲以泰國中部菜為主的泰式料理

▲青木瓜沙拉

(二)泰國中部菜

泰國中部地區是以首都曼谷為中心，此區為泰國魚米之鄉，土壤肥沃，物產富足，食材多元化，盛產香米、蔬菜、水果及生鮮水產魚蝦蟹等食材。此區料理的風味較偏清淡、鮮美甜。代表菜餚計有：冬蔭功湯（是一種知名的泰式酸辣湯）、椰奶湯以及九層塔炒雞肉等。

(三)泰國北部菜

本區地勢為高低起伏的山區，食材較匱乏。烹調口味偏辛辣及酸鹹，如酸肉等。

(四)泰國東北部菜

本區鄰近寮國，其菜色較類似寮國風味，代表菜餚為青木瓜沙拉、牛肉沙拉。

三、泰式料理常見的辛香味料

泰式料理善用各類香料及調味料來創造其獨特的南洋風味，常見的辛香料有：青檸檬、檸檬葉、香茅、月桂葉、薄荷葉、南薑粉、咖哩、椰奶、魚露、蝦醬及辣椒醬等。

▲泰式料理善用各類辛香料，創造其獨特的南洋風味

四、泰國知名料理及飲品

泰國料理的烹調手法較常見者為：炒、蒸、煮、炸、燒及生拌等。在此烹調方式下，較具代表性的泰國名菜計有：月亮蝦餅、清蒸檸檬魚、打拋豬、椒麻雞、鳳梨紅咖哩烤鴨、咖哩南瓜牛肉、綠咖哩雞、青木瓜沙拉、蝦醬高麗菜、蝦醬空心菜、酸辣拌海鮮、冬蔭功湯、泰式炒河粉及泰國奶茶等。

▲月亮蝦餅

▲清蒸檸檬魚

學習評量

一、解釋名詞

1.Suimono

2.Tsuma

3.Agemono

4.Yakimono

5.Zensai

二、問答題

1.中國餐飲文化美學的特色有哪些？試列舉五項摘述之。

2.假設你是位中餐美食家，當你受邀擔任美食評審時，你將會以何種標準及比例來評分呢？試述己見。

3.日本傳統飲食之料理，其主要烹調特色為何？試述之。

4.韓國餐飲文化中，較知名的料理當中，以哪一道菜最具補身益氣之效？你知道嗎？

5.泰國料理源自南洋美食，請摘介其料理的特色。

6.泰國料理使用的辛香料很多，請列舉五項。

Notes

CHAPTER
9

& Beverage Aesthetics

西方餐飲文化美學

單元學習目標

- 瞭解西方餐飲文的源起
- 瞭解西方烹調廚藝美學特色
- 瞭解西餐餐桌服務美學
- 瞭解義大利美食文化
- 瞭解法國美食文化
- 培養西方美食文化的欣賞能力

西方餐飲文化源於古羅馬帝國的酒食文化，博大於義大利之尊崇食物並鑽研烹調，精深於法國浪漫美食及精湛餐飲服務美學。西方餐飲業的發展，最早的小客棧是在古羅馬帝國神廟附近崛起，其次是在義大利威尼斯的咖啡屋，直到西元1765年始在法國由布蘭傑（Boulanger）以神秘元氣湯的名稱（Le Restaurant Divin）作為該餐廳的店名，餐廳一詞始正式廣為世人沿用迄今。茲將西方餐飲文化就其歷史發展沿革、烹調技藝、餐桌服務及歐美菜系特色等逐加介紹。

第一節　西餐烹調及餐桌服務美學

古希臘時代，羅馬人多以務農維生，並以自種農產品作為三餐食材。直到羅馬帝國興起，交通發達商業貿易熱絡，引進東方香料、烹調技藝，豐富了飲食內涵，奠定了今日西方餐飲文化之基礎，造就日後義大利菜在歐洲之領導地位，並使義大利享有「西方烹飪藝術之母」的美譽。直到西元1533年，義大利佛羅倫斯公主凱撒琳下嫁法皇亨利二世，始將義大利菜的烹調及服務技藝引入法國，隨後再由法國逐漸加以改良創新，因此締造出今日舉世聞名的法國美食及精緻餐飲服務方式，並躍上西方美食王國之殿堂寶座。

一、西方烹調廚藝美學

西餐烹調技藝並沒有中餐料理那樣講究火候，其烹調方法較之中餐少，但卻十分重視食材原味及營養學。茲將西餐烹調方法摘介如下：

(一)乾熱烹調法

乾熱烹調法（Dry-heat Method）另稱焦化烹調法。此類烹調方法計有：煎、炸、炒、碳烤、爐烤及炙烤等多種。炙烤是指火源在上，食物在下如「明火烤箱」之烤法，也是食物表面上色之烤法。

▲爐烤是一種乾熱烹調法

▲餐廳運用溼熱烹調法提供顧客現場烹煮美食服務

(二)濕熱烹調法

濕熱烹調法（Moist-heat Method）另稱軟化烹調法。此類烹調法有：蒸、煮、熬、汆燙及低溫煮等。例如西式早餐所供應的水波蛋即是以低溫煮（Poach）之料理。

(三)混合烹調法

混合烹調法（Combination Cooking Method），是指混合運用乾、濕兩種烹調法來製備食物。例如：燉、燜煮或燴等之烹調法。

綜上所述，西餐料理之烹調法當中，以煎、炸、烤及煮的食物為最常見，至於大火快炒及爆的食物烹調方式較少。

二、餐桌服務美學

餐桌服務（Table Service），係一種古老、典型、專業且溫馨的西方餐飲文化美學，主要可分為餐盤式與銀盤式服務兩大類，此外，尚有一種合菜服務類似中餐合菜供食服務，唯在正式餐桌服務較少見。

▲美式餐盤式服務為現代餐廳最普遍的服務方式

茲以西餐常見的餐盤式服務及銀盤式服務加以摘介：

(一)餐盤式服務（Plate Service）

餐盤式服務另稱「持盤式」或「手臂式」服務，為今日美國餐飲界最為普遍採用的現代餐廳服務方式。其特色為所有菜餚均在廚房烹調裝飾後，再由服務員端上餐桌給客人享用。典型美式飲食習慣，主菜通常僅一道肉類主菜，上桌服務時，除了飲料是由客人右後方奉上桌外，其餘菜餚均須自客人左後方上桌服務。美式服務速度快，餐廳翻桌率也較高。唯時下美式服務為講究便捷，所有食物均一律採由客人右後方上菜服務及收拾殘盤。至於美式服務所使用的餐具是以瓷盤及不鏽鋼刀叉匙等為多，銀器類餐具較少。

(二)銀盤式服務（Platter Service/Silver Service）

銀盤式服務為歐洲餐飲界經常採用的餐桌服務方式，此類餐桌服務可分為：法式服務、英式服務及俄式服務三種不同服務方式。茲摘介如下：

◆法式服務（French Service）

法式服務源於法國路易十六的豪華宮廷宴服務，是當今全世界公認為最精緻細膩且高雅溫馨的專業餐飲服務方式。服務人員一組二名，由正副服務員來全程提供個人化的服務。

此類服務的特色，是將客人所需供食服務的菜餚，事先在廚房初步處理，然後再由助理服務員自廚房端至客人餐桌旁邊的現場烹調推車（Guéridon）或旁桌（Side Table），才交由正服務員在現場當眾以精湛純熟的廚藝來為客人烹調、切割及裝盤美化，再由助理服務員以專精優美的技巧由客人右後方端上餐桌服務，唯麵包、奶油及沙拉是由左方奉上。

法式服務所使用的餐具，不但種類多且材質優，大部分是採高檔精美的強化骨瓷為餐盤，餐具則以純銀或鍍銀的刀叉匙為多。此外，尚有針對不同菜餚而提供的專用餐具，如龍蝦鉗、龍蝦叉、田螺夾、田螺叉及洗手盅（Finger Bowl）等。由於法式服務不僅擁有歷經嚴格專業訓練的服務員在現場展現精湛廚藝表演，更搭配豪華精緻餐具及餐桌布設，因此能滿足客人視覺、嗅覺、味覺及觸覺等美食文化之體驗。

▲法式旁桌服務

▲甜點現場烹調服務

▲豪華精緻的法式餐桌布置

▲菜餚分量及擺設位置均具一致性的和諧美

▲菜餚以大餐盤或銀盤由客人左側上菜，並由客人自行夾取的英式服務

◆英式服務（English Service）

英式服務另稱「家庭式服務」，也是一種銀盤式服務。由於傳統英國飲食生活，餐桌上的菜餚均在廚房事先烹調好，再由主人以大銀盤端至餐廳，並親自將菜餚或肉類切割好再裝盤置於餐盤或餐桌上，供客人自行夾取食用，如同在家中用餐般自由自在享用美食。

由於英式服務較休閒自在，因而較少被當今餐飲界所採用，唯在較非正式飲宴或須在極短時間內來服務大批客人的場合，如戶外野宴或自助餐會上，偶爾會出現此類方式的服務。

◆俄式服務（Russian Service）

俄式服務另稱「修正法式服務」，此種服務方式也是採銀盤為主要餐具，由服務員自廚房將裝盛精美食物的大銀盤端至餐廳客人旁邊的旁桌置放，接著在餐桌上再為客人擺上空餐盤，然後再將秀色可餐的精美大銀盤端起，在客人面前秀菜及介紹菜色，然後再將銀盤上的美食，均勻派送到客人面前的空盤上，菜餚分量及擺設位置均具一致性之和諧美。

俄式服務並無提供現場烹調，其服務員僅由一位來服務全桌賓客，服務速度較之法式服務快，但肢體語言及動作依然優雅專精吸睛，適於在大型宴會中使用。

第二節　西方料理文化美學

歐美各國的烹調料理，以義大利及法國菜最具盛名，對食材之選用及烹調也最嚴謹，並考究色香味之餐飲美學，為西方美食料理之圭臬。僅就義大利、法國及美國為例，介紹如下：

一、義大利美食文化

義大利美食文化之能登上國際舞台，且備受肯定，乃在慎選食材及專精的烹調技藝。

(一)食材選用

◆肉類

義大利對肉品之加工製造技術相當專精，種類不勝枚舉，如風乾牛肉及火腿、各類冷肉香腸及肉類加工食品等。尤其是冷製品的肉類極適於作為西餐開胃前菜及作為下酒的小菜美食。

◆麵食

義大利人的主食為米和麵食，此類主食產品約有四十多種，其中以義大利麵（Pasta）最具盛名，其品牌種類不但多，且風靡全球，遍布世界各地，為最

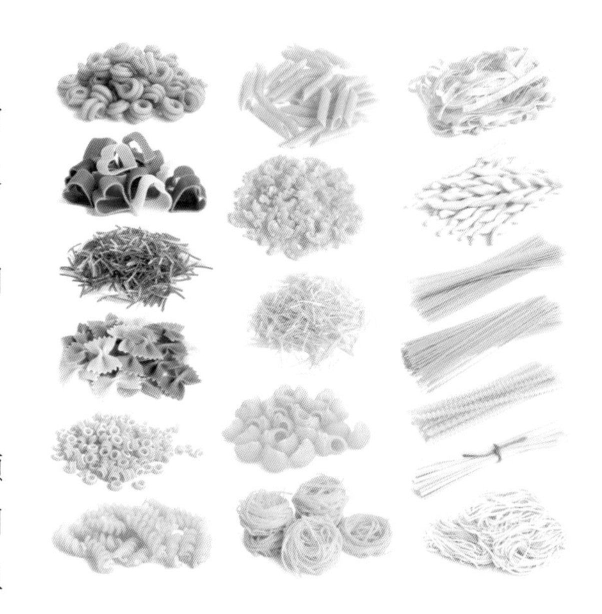

▲各式不同的義大利麵

▲拿坡里披薩

知名國際美食。此外，義大利披薩的美名也不遑多讓，如舉世聞名的「拿坡里披薩」即是例。義大利政府為保護披薩發源地拿坡里所生產的披薩盛名，在西元2004年5月由義大利農業部嚴格規定「披薩的標準作業規範」，如食材、製造過程、規格等，均詳加嚴格規定。凡能遵照此規範生產製作的披薩，始能冠以「拿坡里披薩」之美名。由此可見，義大利對其國寶食材品牌形象之重視程度。

◆乳酪

乳略最早是由希臘人引進義大利，當時所生產的是沒有外皮的生乳酪，後來再研發改良為今日包裝精美有外皮的熟乳酪。目前義大利所產製的乳酪，依其軟硬度可分為：硬的、半軟硬、軟的及新鮮的乳酪四種，如最受歡迎的帕馬森及馬芝拉等均為知名義大利乳酪品牌。

◆香料

義大利料理的最主要特色之一，乃善用各種香料來增加菜餚之風味、口感及視覺美。例如：羅勒、茴香、薄荷、鼠尾草、俄勒岡及芫荽等獨特義式風味之香料。

▲義大利菜餚

▲法國盛產葡萄，其葡萄酒最有名

(二)烹調特色

義大利菜烹調口味較重，唯偏愛原汁原味，油類煎炸較少，紅燴及燒烤較多。義大利人的飲食生活習慣，在烹煮食物時，慣於將主料與配料如香料、番茄及橄欖油等一併入鍋煮，使其釋放出原汁原味，此為義大利菜烹調的主要特色。

二、法國美食文化

法國地大物博，資源物產豐富，各地食材及烹調方式，別具地方獨特風味特色，茲說明如後：

(一)食材選用

1.肉類：法國食材在肉類方面，較偏愛牛肉、犢牛肉、羊肉、家禽及田螺等。

2.海鮮類：魚、蠔、貝殼、蝦及蟹類等食材。

3.蔬果：法國地理位置及其氣候，擁有各種季節之生鮮時蔬及水果，其中以葡萄產量最有名。

4.法國三大珍味：鵝肝醬、松露及魚子醬。

(二)烹調方式

法國料理善用各種烹調技術，其所採用的烹調法端視食材類別、特性而異，並善加靈活運用。此外，對於火候之掌控也十分重視。例如：燒烤牛、羊排通常為七至八分熟，而絕不烤成全熟。若全熟時，肉汁將消失、美味也不復存在，口感則較酸澀且質硬。

▲法國料理善用火候燒烤牛肉，以營造最佳風味

(三)地方美食文化特色

法國料理因幅員廣大，因此各地區的飲食習慣及烹調方式也有差異，唯其共同點乃善用當地食材，以就地取材，因材施以最適切的烹調方式，來塑造地方特色的美食佳餚及餐飲文化。茲摘介法國較具知名度的地區美食特色如下：

◆普羅旺斯（Provence）

普羅旺斯地區位在法國南部，鄰近義大利及地中海，因此當地菜餚口味類似義大利料理之風味。由於該地區盛產各類蔬果及豐富的海鮮，因此孕育出著名的法國名菜——馬賽海鮮湯及普羅旺斯田雞腿等美食。

◆勃根地（Burgundy）

勃根地地區位在法國東部，當地陽光普照、雨水充沛，土地極適宜栽植葡萄。該地區為法國主要葡萄酒產區之一，因此其料理有很多是以紅酒為食材而享有盛名，如紅酒燴牛肉、紅燴雞及勃根地烤田螺等知名美食。

▲勃根地紅酒

◆阿爾薩斯（Alsace）

阿爾薩斯地區生產法國最著名的鵝肝醬，該區除了鵝肝醬此美食外，尚有起司培根蛋塔及酸菜什錦燻肉等知名美食料理。

◆諾曼第（Normandy）

此地區因二次世界大戰聯軍登陸浴血戰場而得名，該區海產豐富、質優量大，如諾曼第燴海鮮為法國美食代表之一。此外，該區也盛產蘋果及奶製品。

榮列世界非物質文化遺產的西方美食

國別	申請世遺項目	核定時間
法國	法國美食	2010年
墨西哥	傳統墨西哥菜	2010年
奧地利	維也納咖啡館	2011年
義大利、希臘、西班牙、摩洛哥	地中海飲食	2010年
葡萄牙、塞普勒斯	地中海飲食	2013年

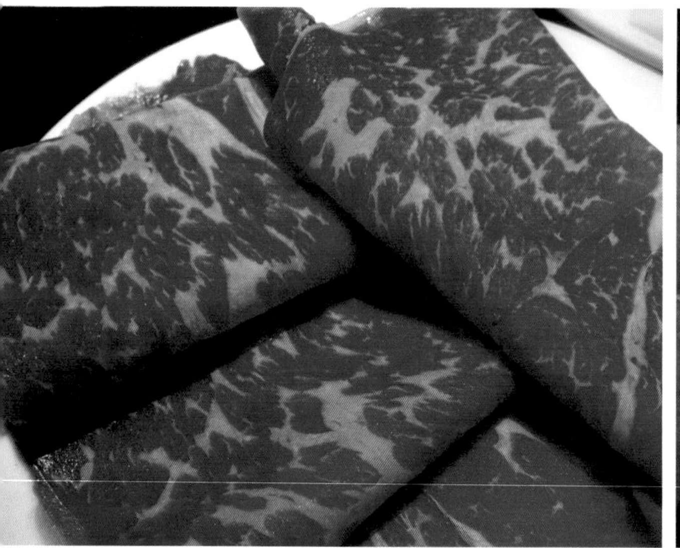

▲美國在肉類食材上偏愛牛肉

▲美國加州盛產蘋果

三、美國美食文化

美國是世界各民族的大熔爐，因而飲食生活習慣均不盡然一樣，僅針對較具普遍性共識之食材選用與飲食文化特色，予以說明如下：

(一)食材選用

◆肉類

美國在肉類上較喜愛牛肉，其次為雞肉、羊肉及其他禽肉；至於動物肉臟則較不受歡迎，尤其是回教徒。

◆海鮮類

美國因位居太平洋及大西洋之優越地理位置，再加上內陸河川及湖泊多，因此生鮮漁獲及水產量多且鮮美。

◆**奶製品**

美國畜牧業均採大型放牧之農場經營型態，其牛奶製品類別多，且產量龐大，除了內需外，更大量運用現代食品工業科技來加工製造及外銷各國。

◆**五穀雜糧**

美國幅員廣大，農林產品多，擁有世界糧倉之美譽，如小麥、玉米、馬鈴薯、黃豆及各類穀物。

◆**蔬果類**

美國盛產各類蔬果，尤其是南加州的蔬菜園、果園及洛杉磯山區、盆地一帶之蔬果產量，除了部分自給自足外，大部分均外銷至世界各地。例如：蘋果、水蜜桃、葡萄、加州蜜李及根莖葉類蔬菜等。

(二)飲食文化特色

美國是個「民族大熔爐」，因此美國菜及其烹調方式，乃融合世界各國佳餚及其烹調法，菜色口味充滿各國民族風味，擁有東西方餐飲文化的特色。

1.美國人日常飲食偏重於早、晚餐。早餐較多樣化，如牛奶、玉米片、麥片、果汁、麵包或土司、熱狗、煎蛋、火腿及培根等；午餐則屬於輕食，如一客沙拉、漢堡、三明治或炸雞等；晚餐為最正式，較偏重肉類食物，如牛排、豬排、雞或羊肉等，此為美國人的主食。

2.美國人喜愛戶外野餐及烤肉（BBQ），並藉此作為社交應酬的活動或親友維繫感情的方式，如同國人喜歡到餐廳應酬

▲美國人早餐多樣化，重視穀類及牛奶

▲麵包、熱狗也是美國人早餐選項

▲單面煎蛋為美國人早餐主食之一

聚餐一樣。

3.美國人重視各式節慶的餐飲活動，如復活節（Easter）會在平常進餐佳餚外，另增彩蛋及巧克力；感恩節（Thanksgiving）則以烤火雞為主食；聖誕節除了準備豐盛年菜大餐，全家圍爐團圓外，更會精心巧製「薑餅屋」來祈福。

4.美國人吃飯時除了佐餐酒（葡萄酒）外，也偏愛雞尾酒或威士忌等酒精性飲料。此外，美國人較偏愛各種甜食，如冰淇淋、聖代及各類甜點。由於美國人喜愛甜食，因此蛀牙人口甚高，唯仍樂此不疲，此乃其天生浪漫活潑樂觀之民族性使然。

四、西方餐飲美食文化特色

西方餐飲美食文化就其烹調特色及經典名菜，予以列表摘介如後（表9-1）：

▲薑餅屋

▲美國人飲食習慣偏愛各類甜點

表9-1　歐美餐飲美食特色

國名	烹調特色	經典菜餚
義大利	‧偏愛橄欖油，喜歡以番茄、大蒜為配料。 ‧北部較偏肉類，南部重麵食，如義大利麵（Pasta）。	披薩（Pizza）、義式肉醬麵（Spaghetti Bolognaise）、提拉米蘇（Tiramisu）、義式燉飯（Risotto）。
法國	偏愛奶油烹調口味。	馬賽海鮮湯（Bouillabaisse）、洋蔥湯（Onion Soup）、牛肉清湯（Beef Consommé）。
德國	‧重口味，偏好酸甜口味。 ‧佐料以香料、白酒、牛油為多。	德國豬腳（Pig Knuckle）、韃靼牛排（Tartare Steak）。
匈牙利	佐料偏愛洋蔥、番茄、青椒或紅椒等。	匈牙利牛肉湯（Hungarian Goulash）。
西班牙	偏愛蕃紅花及海鮮佳餚。	西班牙海鮮飯（Paella）、西班牙冷湯（Gazpacho）。
英國	偏愛奶油及傳統爐烤烹調。	爐烤牛肉（Roast Beef）、炸魚排薯條（Fry Fish & Chip）、牛尾清湯（Oxtail Soup）。
美國	深受英國及美國原住民飲食文化之影響，較多元化。	速食（Fast Food）、曼哈頓蛤蜊巧達湯（Manhattan Clam Chowder）。
俄國	偏愛重口味及油脂。	魚子醬為著名冷菜佳餚。

學習評量

一、解釋名詞

1.Dry-heat Method

2.Moist-heat Method

3.Plate Service

4.Platter Service

5.Guéridon

二、問答題

1.「西方烹飪藝術之母」的美譽是指何者而言？

2.西餐料理所使用的烹調法有哪幾種？試述之。

3.西餐餐桌服務的方式當中，以哪一種為最精緻、專業及溫馨？為什麼？

4.義大利菜餚舉世聞名，你知道其菜餚烹調的主要特色嗎？試述之。

5.所謂「法國三大珍味」，係指何者而言？試述之。

6.美國餐飲文化較重視各節慶的餐飲活動，請列舉美國在感恩節及聖誕節的主要飲食文化特色。

Notes

CHAPTER
10

台灣餐飲文化美學

單元學習目標

- 瞭解台灣美食文化的淵源
- 瞭解台式料理的特色
- 瞭解台灣的辦桌及夜市文化美學
- 瞭解台灣客家美食文化及經典料理
- 瞭解台灣原住民飲食文化美學
- 培養台灣本土化餐飲文化美學的素養

台灣居民的飲食生活習慣及今日國人引為傲的台灣美食料理，是一種多元文化淬鍊孕育而成。早期台灣漢人是以閩南菜為主的飲食生活，後來再受到日本料理之洗禮及中國菜系之薰陶，逐漸演變而成今日全球知名的台灣餐飲美食文化。

第一節　台灣美食與夜市文化

台灣美食文化是由福佬菜、客家菜、潮州菜三大菜系逐漸演變而成，其間又受到日本食風、日本料理、西洋料理及中國大陸地方菜系之交互影響，逐漸發展出今日的台灣美食文化。

一、台灣美食文化源起

台灣是南島語系的發源地，在元明時代已有南島語系的原住民及中國大陸少數漳洲及泉州漢人陸續移民台灣。17世紀上半葉西班牙人及荷蘭人先後分別占領台灣西北部及西南部，後來西班牙人被荷蘭人驅離，使得台灣淪為荷蘭殖民地。直到鄭成功在西元1661年率軍登陸台南鹿耳門並驅逐荷蘭人，始在台灣歷史文化上建立第一個漢人政權，開始有大量福建人移民台灣，並帶來福佬口味的福建菜、客家菜及潮州菜。西元1895年日本自《馬關條約》取得台灣，並展開長達五十年之久的殖民統治，使得日本飲食文化逐漸融入台灣居民生活中。民國34年日本戰敗投降，國民政府乃於民國38年播遷來台，使得中國南方菜系，如川菜、湘菜及江浙菜等在台灣餐飲界異軍突起，尤其是湖南菜更享有「軍菜」之美譽；江浙菜則被視為「官方菜」之代表。易言之，台灣餐飲文化除了最早的原住民飲食文化外，尚融入日本及中國大陸之餐飲文化，隨著歲月變遷，並加以創新改良融合，而成今日的台灣美食文化。

▲早期台灣移民祭典所使用的菜餚以福佬菜、客家菜為主

二、台灣料理的特色

台灣料理深受福建菜及日本食風的影響，因此在食物烹調方式及口味上較重視鮮美的原味，而較不喜歡酸、鹹、辛辣及油重。茲將台灣料理的主要特色摘述如下：

(一)原汁原味之自然風味

台菜的烹調方式以清蒸、油煎、炒、燉、滷、炸及醃等手法較多，唯以蒸、煎、炒、燉及滷在家常菜為最常見。至於調味則較簡單，講究清淡、鮮美、甘醇的原汁原味呈現。

台菜的基本調味料，常見者有：醬油、味精、鹽、糖、醋、米酒、香油、胡麻油、醬油膏、太白粉及地瓜粉等。

▲台式爆香的三大辛香料──蔥、薑、蒜

▲多樣化的台灣海洋食材

(二)講究爆香鮮嫩之口感

台菜的風味講究聞香之美及口感鮮嫩之美。為彰顯台菜獨特之香味，乃運用「蔥、薑、蒜」此三種台菜辛香料，輔以大火快炒爆香，再加入主要食材並利用旺火快炒之廚藝來形塑台灣美食料理之特色。

台菜烹調所使用的基本辛香料，除前述蔥、薑、蒜外，尚有九層塔、辣椒、香菜、油蔥酥及五香粉等。

(三)海鮮料理多元化

台灣為海島，四面環海，擁有充沛的海洋資源，魚、蝦、蟹及貝殼類等海產食材極為豐富，因此海鮮美食成為台灣料理的主要特色。由於台式料理摻雜日式風格，因此海鮮食材之料理方式可分為生食與熟食兩種口味，但均以鮮美質嫩為依歸。

(四)醃漬食材美食風

早期台灣人生活較清苦，物質較缺乏，為避免不時之需，因此儘量將盛產期的食材予以曬乾、醃漬或醃製，以利保存及利用。例如：台灣家常菜常見的香煎菜脯蛋、蔭豉蚵仔、蘿蔔干炒蛋及鹹菜鴨等料理，均是以醃漬食材聞名的台菜料理。此外，尚有許多鹽醃製醬菜如

▲台灣辦桌文化

▲台灣早期傳統小吃攤

蔭瓜、豆瓣醬、梅干菜、酸菜及醃筍干等均為台式風味之食材。如台灣「清粥小菜餐廳」為傳統台式風味的醃漬醬料之餐飲生活習慣之代表，其經典菜色為：地瓜粥、菜脯蛋、鹹鴨蛋、蔭瓜、蘿蔔干、豆豉蚵仔、醬瓜肉末及滷筍絲等。

三、台灣的辦桌文化

台灣的辦桌文化，是一種最具代表台灣文化特色的婚喪喜慶、廟會及年節的庶民飲食文化。它是由台灣先民歷經數百年殖民文化洗禮及結合生命禮俗所孕育而成，也最足以代表台灣傳統飲食文化特色。

「辦桌」為台語（閩南語）的發音，另稱「外燴」，係指由承攬包辦宴席的業者，前往顧客所指定的地點備餐及安排全套宴席服務的庶民飲食文化，負責辦桌的廚師為「總鋪師」。台灣傳統辦桌的特色為：價格實惠、菜色豐富且量多、講究食材選擇，以及地點選在戶外或活動中心為主。一位優秀的總鋪師，其要件除了須備專精廚藝外，更須「手腳要快」、「思路分明」及「耐磨耐操」，始能展現實力，承攬百桌以上之宴席。

▲台北士林夜市即景

▲蚵仔煎曾榮登台灣十大夜市美食人氣王

四、台灣夜市餐飲文化

夜市為台灣特有的餐飲文化，獨步全球，是台灣最具地方色彩的庶民美食文化。台灣夜市最早出現於文化古都台南，當時是以小吃攤形成的市集，後來由南到北，在彰化鹿港及台北艋舺陸續出現深具地方美食風味特色的夜市。迄今，台灣各角落到處皆有夜市，不僅成為台灣居民日常休閒生活逛街、吃喝玩樂不可或缺的一環。如今，更是觀光客來台最具吸引力的熱門景點，深受觀光客喜愛。

台灣較具知名度，且具觀光吸引力的夜市計有：基隆廟口夜市；台北士林夜市、寧夏夜市、華西夜市、饒河夜市；台中逢甲夜市、中華路夜市；彰化鹿港夜市；台南花園夜市、小北街夜市；高雄六合夜市、瑞豐夜市、新興夜市，以及宜蘭羅東夜市等。至於台灣夜市小吃較具特色者計有：珍珠奶茶、蚵仔麵線、芒果剉冰、臭豆腐、小籠包、蚵仔煎、鹽酥雞及蔥油餅等，其中蚵仔煎曾榮登2013十大夜市美食人氣王，深受國外觀光客喜愛，為我國觀光吸引力焦點之一。茲就台灣各地較具特色小吃列表介紹如下（**表10-1**）：

表10-1　台灣各地較具特色小吃

縣市名稱	小吃
宜蘭	三星蔥油餅、鴨賞、卜肉、糕渣、蒜味肉羹及櫻桃鴨
基隆	天婦羅、鼎邊趖、豆簽羹、泡泡冰
台北市	蚵仔麵線、蚵仔煎、小籠包、雞排、大腸包小腸、青蛙下蛋
新北市	深坑臭豆腐；淡水魚丸、鐵蛋、阿給
桃園	大溪豆干、印度餅、滷味、烤玉米
新竹	米粉、貢丸、肉圓、潤餅、魷魚羹
台中	珍珠奶茶、雞排、大腸包小腸
彰化	肉圓（彰化及員林北斗以北的肉圓是先蒸好再以溫油浸泡；以南縣市則以純蒸的方式，皮軟Q彈）
嘉義	火雞肉飯、狀元糕、砂鍋魚頭
台南	鱔魚麵、擔仔麵、棺材板、肉粽、碗粿、鼎邊趖、虱目魚粥、蚵仔煎、安平蝦捲、白河蓮子及官田菱角
高雄	旗津海鮮、岡山羊肉、筒仔米糕、鰻魚湯、沙茶牛肉
屏東	萬巒豬腳；東港三寶：黑鮪魚、櫻花蝦及油魚子；冷凍芋頭、冰品
花蓮	扁食、麻糬、烤山豬肉
台東	池上便當、肉包
澎湖	黑糖糕、海鮮、丁香魚
金門	貢糖、高粱酒
馬祖	魚麵

▲彰化肉圓的特色是先蒸熟，再以溫油浸泡

五、台灣飲食生活習慣

台灣本島幅員不大，唯飲食生活習慣及口味，南北差異卻甚大。整體而言，北部口味偏淡，中部口味較重，南部口味則偏甜，尤其是「冰品」不僅品名多且五顏六色，無論在視覺美、形制美及口感美均獨步全島。至於飲料店之業態，北部以咖啡飲料專業店及咖啡廳為數較多；台中則以泡沫紅茶店為最多。

▲台灣各式飲料店林立街頭

第二節　台灣客家美食文化

台灣客家美食為台灣餐飲文化美學極重要的一環，它不僅反應出客家人的文化特質，更展現客家人飲食生活「真、善、美」的餐飲美學本質。茲分別就客家美食文化最具代表性的菜系及其源起、烹調特色，以及擂茶美食文化美學，逐加介紹。

一、台灣客家菜的緣起

台灣客家菜是在清朝末葉，由廣東梅縣及河婆縣一帶的客家移民所引進台灣。客家菜屬於東江菜，為廣東菜之一環。由於客家人移民台灣的時間，較之於漳州、泉州一帶之漢人晚，且其人數又較漢人少，因此被迫僅能在台灣丘陵地區或山間拓荒墾地，而這些粗活工作均甚耗體力，再加上當時遷徙來台時物資短缺，生活極為清苦，所以在日常飲食當中，食物需重油脂，且偏鹹，以支應身體所耗熱量及鈉之補充。為增進食慾乃藉爆香手法，添加各種佐料，乃孕育出今日「鹹、香、肥」之客家料理烹調特色。

二、客家美食文化特色

客家美食文化的特色，最具典型代表性者，可歸納為下列幾方面：

(一)客家的粄文化

米是客家人的主食，除了一般白米飯外，客家人擅長「打粄」，其意思為製作各類米食點心，如蘿蔔粄（蘿蔔糕）、紅豆粄及艾草粄等。客家人會在不同季節時令來製作各類米食製品，除了婚喪喜慶、迎神賽會及年節拜拜祭祖外，有時也會製作具吉祥祝福之涵義的粄來宴請親友，如艾草粄、糍粑（麻糬）、粄條或發糕（象徵步步高升、鴻圖大展）。有關客家打粄節慶，列表說明如下（**表10-2**）。

▲客家美食的紅豆粄與艾草粄

▲糍粑為客家粄美食之一

▲QQ的客家粄條令人食指大動

表10-2　客家打粄時令節慶

時令節慶	米食點心
春節	油糙仔、年糕、鹼甜粄、紅豆粄、花生粄、發糕、蘿蔔糕
冬至／元宵節	湯圓、元宵、雪圓、菜包、甜包
清明節	菜包、甜包、發糕、艾草粄
喜慶	油糙仔、糍粑、湯圓、雪圓
典祭祀	紅粄、龜粄、長錢粄
彌月	油飯
全年點心	粄條、炊粉、幼米粉、九層粄

(二)客家的醃漬美食文化

客家族群勤勞節儉，由於移民來台初期生活清苦，物質不充裕，為久藏及節省食物，乃善用醃製及曬乾等方式來儲存食物。

◆蔬菜類食材

如將芥菜醃漬製成福菜、鹹菜；將芥菜曬乾製成梅干菜；將蘿蔔切成條、塊或絲狀，再予以曬乾或醬醃，如菜脯乾、菜脯絲或醬蘿蔔等。此外，客家醃漬美食尚有醃黃瓜、醃豆豉、豆腐乳及高麗菜乾等多種。

◆肉類食材

客家人對肉類食材如雞、鴨或豬肉，通常是採「封」和「麴」的方式來保存食物。所謂「封」是將肉類密封在容器內，一直煲到熟爛為止，如客家封肉美食。至於「麴」是指以紅糟作為醃漬的原料，藉以保存食物並增添酒麴之芳香，如紅糟肉。

(三)客家擂茶美食文化

擂茶另稱「鹹茶」或「三生湯」，類似台灣本地的「麵茶」，唯其風味較多樣化，為客家人日常生活主要飲品之一，也是傳統客家莊招待賓客的健身養生飲品。

▲客家美食紅糟肉搭配小黃瓜更對味

◆擂茶的意義

所謂「擂」，是指研磨、細磨之動作。通常以陶製擂鉢（擂碗）為容器來盛裝茶葉、玄米、芝麻或花生，並以芭樂或油茶樹幹製成大小適中，長約40公分的擂棒，慢慢加以研磨成粉末狀，然後倒入茶碗，再以冷開水或熱開水來沖泡調勻後飲用，深具養生美容之宏效。

◆擂茶的配方

1.傳統擂茶的食材：玄米（炒熟的米仔）、綠茶、生芝麻及花生（炒熟）。

2.改良擂茶的食材：除上述傳統擂茶食材外，另添加松子仁（生）、葵花子（生）及南瓜子仁（生）。

3.食材比例是以玄米為主原料，其次為茶葉和芝麻，其比例分別約3：3：3，其餘材料占10%。

◆擂茶美食饗宴

1.茶點用：可將擂茶沖調成糊狀後，搭配米粿、糕餅或豆干丁等

台灣客家擂茶美食文化

台灣客家擂茶文化淵源流長，據說擂茶是由唐朝末葉先人由中原山西、陝西南遷逃難河南時引進；另一說是源於三國時代，由一位老翁將擂茶配方傳授帶兵攻打武陵的張飛，以拯救因水土不服患病之蜀軍。唯正式有文獻記載，則始於南宋詩中：「漸進中原語音好，見客擂麻旋點茶」，可見擂茶為客家傳統文化之一，且其歷史悠久。台灣客家擂茶文化是在民國37年，始由廣東河婆縣一帶客家人移民引進台灣，並遍布在桃園、新竹、苗栗及花東等地客家莊。

小吃，既可解渴又可充飢，別具一番滋味在心頭。

2.正餐用：可將擂茶飲品加入米飯或米仔，再搭配各式小菜，如炒綠蔬菜、豆乾、花生米、四季豆或蘿蔔乾等為副食配菜。

3.擂茶大餐：餐桌上除了備妥已調勻之擂茶外，更擺滿琳琅滿目，美不勝收的各式小碟食材配料，計有炒豆干丁、蘿蔔乾、長豆丁、香菜、紫蘇、九層塔及花生片等。取食前，先將各種五行五色的配料倒在小碗公白米飯上面，接著灑放些花生片，然後再淋上已沖調好的熱騰騰擂茶湯，頓時香味四溢，攪拌後更是香氣撲鼻、香味濃郁，令人垂涎三尺，此乃客家擂茶文化之美。

▲豐盛的客家擂茶大餐

圖片來源：http://z.abang.com/f/fujianmeishi/1/3/k/0/-/-/1211.jpg

第三節　台灣原住民美食文化

「靠山吃山，靠海吃海」此句話可謂早期台灣原住民飲食生活習慣的最佳寫照，也充分反映出原住民對大自然土地及海洋的尊崇敬意。因為台灣早期原住民均以漁獵維生，其食材來源是以漁撈、狩獵及採集為主，後來始增加圈地農作及飼養。

一、台灣原住民的飲食文化

台灣原住民食物多以粟（俗稱小米）、稗、小麥、旱稻、甘藷及山芋等農作物為主，並輔以採集的野菜及漁獵之山豬、山羌、溪魚或海產等為主要食物。原住民的傳統烹調方式，通常是以蒸、煮、烤為主。因此，傳統的原住民料理是以生食、水煮、燻烤及醃漬為多，其特色為能展現食材原始風味之美，若再搭配小米酒助興，更是人間美味。唯隨著時代變遷，科技文明進步，原住民飲食的食材來源也不再僅侷限於山產野味，烹調方式也多樣化、現代化，傳統原住民美食風味及其飲食文化，如今只有在特殊節慶始能看得到，如飛魚祭、豐年祭或矮靈祭等重大節慶活動。

▲小米為台灣原住民的主食之一

▲原住民節慶傳統舞蹈

二、台灣原住民的飲食文化美學

目前台灣原住民，已由原先的九大族，增加到十六族群。由於族群文化及其遍布區域環境不同，因而所衍生的飲食文化及生活習慣也略有差異，茲分別說明如下：

(一)阿美族

1.分布地區：台東、花蓮、花東縱谷等台灣東海岸一帶。

2.社會制度：為母系社會，主要祭典為豐年祭。

3.族群特色：原住民人數最多，約二十萬餘人，為台灣原住民當中最大的族群。

4.飲食文化：

(1)漁撈與農耕為主要經濟活動，該族擁有「吃草的民族」之雅稱，其意思是指吃野菜料理的族群。

(2)主食：番薯、小米及米三種，以米為最大宗。

▲阿美族為台灣原住民最大族群

(3)檳榔為飲食文化不可或缺的食材。男方追求女方須送檳榔；結婚宴席女方須以檳榔米糕分贈男方。

5.經典美食：烤竹筍、炒芒筍、芒筍炒山豬肉及檳榔米糕。

(二)泰雅族

1.分布地區：台灣中北部山區，如新北市烏來、桃竹苗地區，含埔里、花蓮一帶。苗栗泰安為昔日泰雅族發源地。

2.社會制度：祭團社會結構，主要祭典為祖靈祭。

3.族群特色：

(1)為台灣原住民第二大族群，也是分布最廣的原住民。

(2)「烏來」即泰雅語，是指「溫泉」的意思。

(3)該族有紋面習俗，另稱「鯨面」。紋面乃象徵其族群標記、成人標記、成就標記，如女生須有織布高超技巧；男人須有勇氣及成果。此外，紋面也是一種美觀標記。

▲泰雅族有紋面習俗，紋面象徵美觀及特殊成就

4.飲食文化：

(1)農耕、漁獵及織布為主要經濟活動。

(2)傳統飲食生活是以手取食，並不用筷子或湯匙。

(3)烹調方法以烤、蒸、煮三種為主。

(4)善長釀製小米酒，喝酒時習慣兩人共持一螺碗（酒杯造型），貼臉飲酒之習俗迄今仍不變，為該族另類飲食文化特色。

(5)主食為小米、旱稻、玉米及番薯；副食多以自己種植的蔬菜、水果及豆類為主。唯平地泰雅族多以稻米為主食；深山泰雅族人則以粟黍、番薯為主食。

5.經典美食：香蕉粽、米糕、粟糕、竹筒飯及山胡椒刺蔥雞湯。該雞湯被泰雅族男士視為男人的精力湯。

(三)排灣族

1.分布地區：北起台東大武山，南至屏東恆春，大部分集中於屏東縣來義鄉。

2.社會制度：為貴族社會制度，主要祭典為豐年祭及竹竿祭。

3.族群特色：

(1)為台灣原住民第三大族群。

(2)台灣各原住民當中，最具嚴密階層制度。

(3)擅長木雕、刺繡、陶壺、織布等藝術，並以百步蛇為其圖騰。

4.飲食文化：

(1)農耕、狩獵及畜養為其主要三大經濟活動，其次以採集及山溪捕魚作為另類食物取得的方式。

(2)食物禁忌有蛇、猴、犬、鼠、貓及熊。

(3)主要肉類為豬肉及溪魚。

(4)主食為小米、芋頭，其次為花生、番薯及樹豆。

(5)吃檳榔為其飲食生活習慣之一。

5.經典美食：鹽漬烏魚、白開水煮鳥獸肉並以鹽調味。

(四)賽夏族

1.分布地區：新竹五峰、苗栗南庄。

2.社會制度：為父系社會，主要祭典為矮靈祭及祈天祭。

3.族群特色：

(1)屬於少數原住民的一族，唯較邵族人口多，男女均有紋面習俗。

(2)生活方式漸漸融入平地漢人生活。

4.飲食文化：

(1)早期是採遊耕、山區燒墾及狩獵來維生，後來改為定耕農業及林業的經濟活動。

(2)主食是以米及小米為主，另以番薯煮湯輔之；副食以魚、禽、蔬菜、筍及芭蕉為常見食物。

(3)早期是以手直接抓取食物吃，後來再改為碗筷餐具。

5.經典美食：糯米飯、米糕、糯米酒醃肉、Inomo粽葉包糯米飯、山藜酒及糯米酒。

(五)邵族

1.分布地區：南投日月潭德化社及雨社山一帶。

2.社會制度：為頭目制度，主要祭典為祖靈祭。

3.族群特色：台灣原住民人數最少的族群，約七百多人。

4.飲食文化：

(1)主食為水稻，副食有番薯、里芋、樹薯等根莖類農作物及野菜。

(2)肉類蛋白質來自於水產魚、蝦，至於豬肉、雞鴨肉平時甚少食用，僅在年節及祭典才會食用。

◀原住民小米酒

▼布農族將捕獲的野山豬炙烤並與族人分享

(3)族人偏愛小米酒，為其飲食習慣。

5.經典美食：醃肉醬菜、竹筒飯、烤奇力魚、清蒸總統魚（曲腰魚）、竹筒蝦、活跳蝦料理、芋泥大腸、刺蔥炒蛋、地瓜粽、白鰻（以麻糬製成之產品）及香菇。

(六)布農族

1.分布地區：南投縣的仁愛鄉與信義鄉為主。此外，在中央山脈兩側之花東、南投山區。

2.社會制度：為父系社會，主要祭典為打耳祭、少年禮。

3.族群特色：

(1)典型的高山原住民，有「高山之子」的美譽。

(2)著名的八部合音為其優美歌喉之代表。

4.飲食文化：

(1)主食以粟與薯芋為主，米、黍、玉米次之；副食以野菜及獵肉為之，魚蝦僅在祭典使用。

(2)擅長釀製小米酒，唯僅在慶典喝，平時不常飲酒。

(3)早期是以手直接抓取食物食用。

(4)飲宴食物有糕、酒、糯粟，在重要節日如生日、結婚、祭典等必殺豬宴客。

(5)禁食獵肉頭、尾、足、耳；平時不食穿山甲及青蛙。

5.經典美食：粟糕、米糕、肉乾、水煮肉及小米酒。

(七)鄒族（曹族）

1.分布地區：以嘉義縣阿里山鄉為主，部分分布於南投縣信義鄉、高雄市桃源區及那瑪夏區。

2.社會制度：為父系社會，主要祭典為戰祭及小米祭。

3.族群特色：

(1)「庫巴」為該族重要的政治性組織所在地，男人婚前均須在裡面接受戰技訓練，而女姓則禁止入內。

(2)善戰的高山族。

▲善戰的鄒族手工藝術作品

4.飲食文化：

(1)主食為米、小米、番薯及芋頭。

(2)以狩獵、魚撈、種植、畜養及採集蔬果為重要經濟活動。

(3)擅長捕魚及河川中的水產蝦、蟹。

(4)種植芋頭、生薑、香蕉、山葵、李樹、梅樹、水蜜桃、竹子及茶樹等經濟農作物，除供日常食用，尚出售外地。

(5)具有分享食物之飲食文化習俗；善於以飯菜及水果招待賓客。

(6)到他人家中作客飲酒或吃肉時，須以食指沾酒滴到地上三次，或撕下一小片肉置於地上，口中並唸著“tamu”，以示敬拜這塊土地的祖靈tamu。

(7)禁食熊和豹的肉；雞與魚的肉類須以專用鍋子烹調，且不得在屋內食用，甚至捕魚的漁具也不得置放屋內，須擺在門外。

5.經典美食：竹筒飯是一種桂竹筒烤飯。

▲鄒族所種植生產的農產品，除供自己食用外，尚出售外地

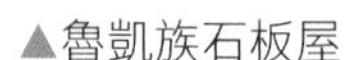
▲魯凱族石板屋

▲魯凱族百步蛇圖騰的服飾設計

(八)魯凱族

1.分布地區：高雄市茂林區、屏東縣霧台鄉，以霧台鄉為主要聚落所在。

2.社會制度：為貴族社會，主要祭典是收獲祭。

3.族群特色：

(1)社會組織可分為貴族、世家、平民等三階級。貴族則享有特殊血緣特權。

(2)住屋以「石板屋」為最具特色。

(3)以百合花為族花。

(4)刺繡及百步蛇圖騰之服飾與木雕藝術。

4.飲食文化：

(1)主食為小米，並以小米製成糕及糯米粉包肉為主要食材。

(2)最喜歡烤山豬肉、小米湯圓等食物。

(3)擅長狩獵、捕魚。主要獵物有山豬、山鹿、山羊、山羌、石虎，唯禁獵食大冠鷲。所有獵物須分配給同行獵狩同伴及擁有該獵場之貴族地主。

▲原住民經典美食烤山豬肉、野味及竹筒飯

5.經典美食：烤山豬肉、烤野味、竹筒飯、糯米糕及小米湯圓。

(九)卑南族

1.分布地區：台東卑南、花東縱谷一帶。

2.社會制度：母系社會，主要祭典為收穫祭。

3.族群特色：為東部漢化最深的高山原住民，以農耕為生，其人口約一萬三千多人。

4.飲食文化：卑南族主食以小米為最原始作物占最重要地位，後來再以旱稻為主食。此外，尚種植番薯、山芋、豆類及蔬果等農作物，至於狩獵通常僅在「出草」大獵祭時為之。

5.經典美食：燒烤薯芋、小米酒、金瓜料理及麻糬等。

(十)雅美族（達悟族）

1.分布地區：台東蘭嶼。

2.社會制度：漁團、父系社會，主要祭典為飛魚祭。

3.族群特色：

(1)擁有「海洋之子」、「飛魚民族」之稱，屬於馬來亞血統。

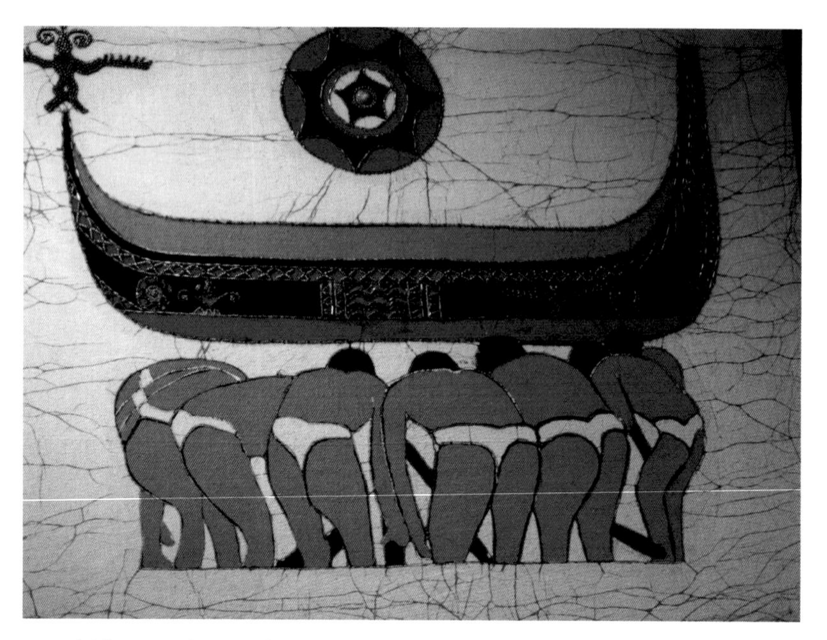

▲丁字褲、甩髮舞、獨木舟為雅美族主要文化特色

(2)丁字褲、甩髮舞、獨木舟、拼板舟為其文化藝術特徵，唯無文字。

(3)社會結構以共同造船、共享漁獲之漁團為主。

4.飲食文化：

(1)雅美族主食以蘭嶼島上盛產的水芋、清芋及番薯三種為主要糧食，唯擅長捕魚。雅美人雖敬愛飛魚，但也愛吃飛魚。

(2)海豚、鯔等海產魚類僅限男性食用。

5.經典美食：芋頭糕、烤飛魚及海鮮料理等。

(十一)噶瑪蘭族

1.分布地區：花蓮新社、立德，以及台東大峰、樟原一帶。

2.社會制度：為母系社會，主要祭典為海祭。

3.族群特色：

(1)台灣唯一「湖棲」的漁獵族群，原附屬於阿美族群。

(2)治病由巫師祈求祖靈降臨治病。文獻上有「蛤仔難」或「蛤仔欄」一詞，即今日噶瑪蘭。

(3)族群文化深受漢人影響，男人也留長辮子。

4.飲食文化：

(1)主食為稻米，副食喜愛採集各類山菜及海菜等野菜，種類多達八十多種。

(2)喜愛生食蟹、烏魚。食用時，僅以鹽稍加調味，即可入口嚼咀活吞下肚。

(3)擅長料理海產食物，如醃鹹魚、海膽、海參、海螺及海菜等，並以此佳餚作為平日宴客食材。

(4)擅長以糯米釀酒，並製作各類糯米製品，如粽子、湯圓、紅龜粿等。

(5)依祭典齋戒飲食規範，將食物分為可食與不可食二大類。可食食物有：海菜、蔬菜、海邊貝類及山上的羌、鹿；不可食者有：蔥、蒜、薑、韭菜及魚、雞、豬肉等。

5.經典美食：生菜料理、青苔拌鹽、鹽烤海產，以及糯米米食製品。

(十二)太魯閣族

1.分布地區：花蓮秀林鄉及萬榮鄉一帶。

2.社會制度：為母系社會，主要祭典為祖靈祭。

3.族群特色：

(1)曾參與對日長期抗戰。

(2)擅長狩獵、編織。

(3)聖山為其精神圖騰。

4.飲食文化：

(1)太魯閣族之飲食文化生活類似泰雅族，傳統主食為：小米、玉米、芋頭、番薯、鳩麥、旱稻及高粱等。

(2)主要經濟活動除種植農作物外，尚有狩獵及捕魚等，並以此蔬菜、肉類為副食。

(3)祭典時，每人手持竹棒插黏糕及豬肉等食物來祭祖靈，結束後再當場食用畢，並在返家離去前須跨越火堆，表示與祖靈告別，再離去。

(4)小米通常專供釀酒用，而不直接食用。

(5)該族有分豬肉的習俗，在婚宴時，族人圍坐一圈，主人以「拋」的方式來分送每位現場賓客豬肉，若有人未被分到，將會產生嚴重人際關係之破裂及後果。

5.經典美食：香蕉飯、竹筒飯、香蕉糕。

(十三)撒奇萊雅族

1.分布地區：花蓮境內花東縱谷北端的奇萊平原。

2.社會制度：母系社會，主要祭典有：播粟祭、捕魚祭、獵首祭及收成祭（豐年祭）等。

3.族群特色：

(1)日治時代將該族歸為阿美族的一支，直到西元2007年，始由政府正式承認此名稱。

(2)該族有年齡階級之分，如在祭典中有為「長者飼飯」祝福典禮活動。

(3)以漁業、狩獵、水耕維生之族群。

4.飲食文化：該族飲食文化特色與阿美族類似，唯其主食是小米，並習慣於以手抓取食物吃。

5.經典美食：烤山豬肉、粟糕。

▲山豬肉為台灣原住民的經典美食

(十四)賽德克族

1.分布地區：花蓮卓溪、秀林、萬榮及南投仁愛鄉一帶。

2.社會制度：母系社會，主要祭典有：播種祭、收獲祭及捕魚祭。

3.族群特色：

(1)該族與泰雅族文化最接近，擁有七個村十二個部落，曾在1930年台灣「霧社事件」英勇抗日舉義，在2008年始經政府正式列入台灣原住民族第十四族群。

(2)該族人口約一萬多人，擅長音樂、舞蹈、狩獵，擁有獨特生命禮俗觀，視Sisin為靈鳥。

4.飲食文化：主要糧食作物為小米及黍米，副食以野菜採集、獵物及畜養為主。

5.經典美食：小米酒、燻烤山豬肉及溪魚。

台灣原住民除上述十四族群外，在民國103年6月，政府另增列由鄒族劃分出來的兩個族群：「拉阿魯哇族」及「卡那卡那富族」，其飲食文化與生活習慣類似鄒族，唯其分布地區有差異，說明如後：

1.拉阿魯哇族：為台灣原住民第十五族群，人口約四百餘人，該族聚居在高雄市桃源區高中村，部分散居那瑪夏區及瑪雅區。

2.卡那卡那富族：為台灣原住民第十六族群，人口約五百五十人，該族主要聚居於高雄市那瑪夏區達卡努瓦村和瑪雅村一帶。

學習評量

一、解釋名詞

1.總鋪師

2.打粄

3.吃草的民族

4.高山之子

5.海洋之子

二、問答題

1.台灣美食文化主要是由哪三大菜系演變而成？

2.台灣料理的主要特色為何？試摘介之。

3.你認為最具代表台灣文化特色的庶民飲食文化為何者？試述己見。

4.台灣最具地方文化色彩的庶民美食文化，是指何者而言？並請列舉較具吸引力及知名度者三個。

5.台灣客家美食文化的主要特色有哪些？試列舉之。

6.台灣原住民目前有多少族群？並請摘述原住民的傳統烹調法及其特色。

參考書目

朱光潛（2003）。《談美》。台中：晨星公司。

周憲（2007）。《美學是什麼》。台北：揚智文化公司。

林秀卿、林彥武編著（2013）。《食物學概論》。台北：新文京出版公司。

林昆樺譯（2011），松下進著。《光與空間的魔法》。台北：東販公司。

林逢祺譯（2008），Dabney Townsend著。《美學概論》。台北：學富文化公司。

林達生編著（2011）。《餐廳設計》。南京：江蘇人民出版社。

林慶弧編著（2004）。《飲食文化與鑑賞》。台北：新文京出版公司。

林麗惠、聶方珮、鄭秀琴等（2012）。《生活應用時尚美學》。台北：學富文化公司。

洪久賢主編（2013）。《世界飲食文化》。台北：揚智文化公司。

胡木源（2001）。《餐飲冰雕裝飾藝術》。台北：揚智文化公司。

胡木源編著（2001）。《蔬果切雕》。台北：揚智文化公司。

張玉欣、柯文華（2007）。《飲食與生活》。台北：揚智文化公司。

張玉欣、楊秀萍（2011）。《飲食文化概論》。台北：揚智文化公司。

葉子編輯部（2012）。《中餐丙級技能檢定》。台北：葉子出版公司。

葉剛等著（2012）。《臺灣餐館評鑑》。台北：二魚文化公司。

蔡毓峰、陳柏蒼（2010）。《餐廳開發與規劃》。台北：揚智文化公司。

賴建成、吳世英編著（2012）。《生活美學與文化創意》。台北：華立圖書公司。

賴龍柱（2008）。《冰雕藝術》。台北：揚智文化公司。

譚慧（2014）。《如何開一家賺錢的餐廳》。北京：中國華僑出版社。

蘇芳基（2013）。《餐飲服務技術》。台北：揚智文化公司。

餐飲旅館系列

餐飲美學

作　　者／蘇芳基
出 版 者／揚智文化事業股份有限公司
發 行 人／葉忠賢
總 編 輯／閻富萍
特約執編／鄭美珠
地　　址／新北市深坑區北深路三段 260 號 8 樓
電　　話／02-8662-6826
傳　　真／02-2664-7633
網　　址／http://www.ycrc.com.tw
E-mail ／service@ycrc.com.tw
ISBN ／978-986-298-182-5
初版一刷／2015 年 5 月
初版四刷／2019 年 8 月
定　　價／新台幣 450 元

國家圖書館出版品預行編目資料

餐飲美學 / 蘇芳基著. -- 初版. -- 新北市：
揚智文化, 2015.05
面； 公分. -- (餐飲旅館系列)

ISBN 978-986-298-182-5(平裝)

1.餐飲業 2.美學

483.8 104006863